JN026866

日本音響学会 編

音響学講座
7

音 声（下）

岩野　公司

編著

河原　達也　　篠田　浩一
伊藤　彰則　　増村　　亮
小川　哲司　　駒谷　和範

共著

▼

コロナ社

「音響学講座」発刊にあたって

　音響学は，本来物理学の一分野であり，17世紀にはその最先端の学問分野であった。その後，物理学の主流は量子論や宇宙論などに移り，音響学は，広い裾野を持つ分野に変貌していった。音は人間にとって身近な現象であるため，心理的な側面からも音の研究が行われて，現代の音響学に至っている。さらに，近年の計算機関連技術の進展は，音響学にも多くの影響を及ぼした。日本音響学会は，1977年以来，音響工学講座全8巻を刊行し，わが国の音響学の発展に貢献してきたが，近年の急速な技術革新や分野の拡大に対しては，必ずしも追従できていない。このような状況を鑑み，音響学講座全10巻を新たに刊行するものである。

　さて，音響学に関する国際的な学会活動を概観すれば，音響学の物理／心理的な側面で活発な活動を行っているのは，米国音響学会（Acoustical Society of America）であろう。しかしながら，同学会では，信号処理関係の技術ではどちらかというと手薄であり，この分野は IEEE が担っている。また，録音再生の分野では，Audio Engineering Society が活発に活動している。このように，国際的には，複数の学会が分担して音響学を支えている状況である。これに対し，日本音響学会は，単独で音響学全般を扱う特別な学会である。言い換えれば，音響学全体を俯瞰し，これらを体系的に記述する書籍の発行は，日本音響学会ならではの活動ということができよう。

　本講座を編集するにあたり，いくつか留意した点がある。前述のとおり本講座は10巻で構成したが，このうち最初の9巻は，教科書として利用できるよう，ある程度学説的に固まった内容を記述することとした。また，時代の流れに追従できるよう，分野ごとの巻の割り当てを見直した。旧音響工学講座では，共通する基礎の部分を除くと，6つの分野，すなわち電気音響，建築音

響，騒音・振動，聴覚と音響心理，音声，超音波から成り立っていたが，その
うち，当時社会問題にもなっていた騒音・振動に2つの巻を割いていた。本講
座では，昨今の日本音響学会における研究発表件数などを考慮し，騒音・振動
に関する記述を1つの巻にまとめる代わりに，音声に2つの巻を割り当てた。
さらに，音響工学講座では扱っていなかった音楽音響を新たに追加すると共
に，これからの展開が期待される分野をまとめた第10巻「音響学の展開」を
刊行することとし，新しい技術の紹介にも心がけた。

　本講座のような音響学を網羅・俯瞰する書籍は，国際的に見ても希有のもの
と思われる。本講座が，音響学を学ぶ諸氏の一助となり，また音響学の発展に
いささかなりとも貢献できることを，心から願う次第である。

2019年1月

安藤彰男

「音響学講座」の全体構成は以下のようになっている。

まえがき

　本書の前のシリーズに当たる音響工学講座「音声」は，中田和男先生（東京農工大学名誉教授）が 1977 年に初版を著され，その約 20 年後に改訂版が発行されている。改訂版で中田先生は，その 20 年間の「音声研究の驚くほどの発展，進歩」を語られている。「HMM による音声認識」といった新技術の他，「音声の研究から音声言語の研究へ」というシフトチェンジをキーワードとして挙げられていたことが印象的である。現在は，その改訂版の発行から，さらに 20 年以上が経過したことになる。その間，音声研究は，まさに「言語表現としての音声」を扱う研究としてさらに大きな発展を遂げ，さまざまな実用システムの創出にまで漕ぎ着けている。

　当時は 1 冊で構成されていた「音声」であったが，研究領域が大きく広がり，専門分野が細分化したため，本音響学講座では「音声（上）」，「音声（下）」の 2 冊に分け，「音声（上）」では，音声の分析・合成といった，いわば音声の「生成寄り」の内容を，本巻「音声（下）」では，音声認識などの，いわば音声の「理解寄り」の内容を取り扱うこととなった。

　一口に「音声の理解」といっても，その内容は多岐にわたる。音声から感じ取れる発言者の感情の認識や，その発言の意図の理解など，本来はさまざまなレベルの理解が存在するが，本書では，現時点で実社会に大きく影響を与えている，「音声認識」，「話者認識」，「音声対話システム」を対象とすることにした。例えば，「音声認識」，「音声対話システム」に関する技術は，音声入力による Web 検索や質問応答に基づくアシスタントシステム，対話型ロボットなど，身近な製品の実現に貢献している。また，「話者認識」の技術は，特に個人認証の一手法として，商用化が着実に進められている。本書ではこれらの技術に関して，基本的・不変的な内容を扱うこととした。

　一方で，これらの技術の進歩は目覚ましく，ある程度学説的に固まった内容

を扱うことが求められている本書で，最新の内容をどこまで扱うかは判断に迷うところであった。特に音声認識・話者認識の分野では，近年，深層学習（deep learning）の導入によるブレイクスルーが訪れ，認識性能が飛躍的に向上した。深層学習に基づくさまざまな技術をどこまで扱うかについては，本書の編集期間中にも大きな技術発展が見られたため，変更や追記が伴う悩ましい検討事項となったが，将来にわたって利用されていると思われる内容や概念を優先して扱うように心掛けた。

　以上のような背景の下，まず1章において音声認識の歴史や基本的な考え方を扱った上で，音声認識の重要な要素である音響モデルと言語モデルの詳細を，2章，3章でそれぞれ解説する。その上で，それぞれの章の後半において，深層学習の利用に関してふれることとした。その後，4章で話者認識，5章で音声対話システムにおける理論と標準的な手法についての解説を行う。内容が多岐にわたっているため，それぞれの章について第一線で活躍されている方々に執筆を依頼させていただいた。

　執筆者の皆様には，本書執筆のご快諾をいただき，また，各章について丁寧で素晴らしい解説をいただけたことに，心より感謝を申し上げる。また，本書の編集・出版にあたって，お世話になった日本音響学会音響学講座編集委員会の皆様，コロナ社の皆様に，厚く御礼を申し上げる。

　執筆分担は以下のとおりである。

- 河原達也　1章
- 篠田浩一　2章
- 伊藤彰則　3章
- 増村　亮　3章
- 小川哲司　4章
- 駒谷和範　5章

2022年11月

岩野公司

目　　　次

1章　音　声　認　識

2章　音響モデルとその高度化

3章　言語モデルとその高度化

4章　話 者 認 識

5章　音声対話システム

〈音声（上）目次〉

1章 音声認識

◆本章のテーマ

本書では，「音声から言語情報を抽出すること」，すなわち「発話内容を文字列に変換すること」を音声認識と定義する。本章では，音声認識の概要と原理を述べる[1),2)]。音声認識の歴史を概観し，統計的な枠組みに基づく音声認識の原理を説明する。また，主な応用の展開についても紹介する。つぎに，音声認識のための特徴量の抽出について述べる。これは，音声分析（「音声（上）」4章）の応用と統計的特徴抽出の二つのアプローチがある。そして，音声認識エンジンの構成について述べる。これは，音響モデル（2章）と言語モデル（3章）を組み合わせて，尤度が最も高い仮説を効率的に探索する処理として定式化されるが，End-to-End の枠組みについても紹介する。最後に，音声認識結果の評価尺度や信頼度尺度などについて述べる。

◆本章の構成（キーワード）

1.1 音声認識の概要

   音声認識研究の歴史，音声認識の応用

1.2 音声認識の原理

   雑音のある通信路モデル，N-gram，HMM，GMM，DNN，CTC

1.3 音声認識のための特徴量

   メルフィルタバンク，MFCC，デルタパラメータ，特徴量の統計的変換・正規化

1.4 音声認識システムの構成

   デコーダ，ビームサーチ，WFST，End-to-End 音声認識

1.5 認識結果の評価

   認識精度と正解率，N-best，信頼度尺度，ROVER

1.1　音声認識の概要

音声認識（speech recognition）は長い間 SF の範疇であり，なかなか実用レベルに到達しない技術であった。しかし 21 世紀に入って，機械学習の方法論と計算機・情報通信技術（ICT）の進歩に伴って，飛躍的な性能改善を遂げ，さまざまな実用化が行われた。いまでは，スマートフォンに搭載されている音声検索やアシスタントアプリは多くの人に認知され，音声翻訳アプリも実用的な水準に達しつつある。また，テレビ放送の字幕付与や国会の会議録作成に音声認識技術が導入されるに至っている。本節ではまず，研究の歴史的経緯と応用の展開を概観する。

1.1.1　音声認識研究の歴史

音声認識の研究が開始されたのはいまから 50 年以上も前に遡る。京都大学では 1960 年ごろに単音節単位の認識を行う「音声タイプ」が構築されている[3]†。その後，音声認識に有効な特徴量（音響特徴量）と，DP マッチングに代表される動的パターンのマッチング手法に関する基礎的な研究が世界中で行われた。これらは，本章の以降の節で述べる内容のプロトタイプに相当し，パターン認識の観点からはテンプレートベースの方法といえる。特定話者の音声認識はなんとか動作しても，多数話者のバリエーションをモデル化するには不十分であった。

これに対して，確率的なモデルを導入することにより解決が図られた。DP マッチングを拡張した形で隠れマルコフモデル（HMM，2.1.2 項参照）が導入され，その改良が 20 年以上にわたって行われた。まず，HMM の各状態の音響特徴量のパターンを連続分布でモデル化する混合正規分布（GMM）が導入された。このような HMM を GMM–HMM と呼ぶ（2.1.6 項参照）。そして，このモデルを最尤推定する代わりに，識別誤りが最小化されるように学習（識別学習）するためのさまざまな方法が提案された。2000 年代に実用化された音声認識システムは，基本的に GMM–HMM の識別学習に基づくものである。一

---

† 肩付き数字は，章末の引用・参考文献の番号を表す。

方，言語モデルについては，単語の連接規則（文法）をオートマトンで記述したものから，その遷移を確率的なものにし，その確率をコーパスから最尤推定する N–gram モデルに移行していった。以上の変遷をまとめたのが**表 1.1** である。

表 1.1　音声認識の方法論の変遷

第 1 世代	1950〜1960 年代	ヒューリスティック
第 2 世代	1960〜1980 年代	テンプレート（DP マッチング，オートマトン）
第 3 世代	1980〜1990 年代	統計モデル（GMM–HMM，N–gram）
3.5 世代	1990〜2000 年代	統計モデルの識別学習
第 4 世代	2010 年代	ニューラルネットワーク（DNN–HMM，RNN）
4.5 世代	2015 年〜	ニューラルネットワークによる End–to–End

世代の定義は古井[4] に従ったものであるが，第 4 世代は著者が追加したものである。この第 4 世代が，ニューラルネットワークに基づくモデルである。音響モデルについては，GMM による確率計算を深層ニューラルネットワーク（DNN，2.4.2 項参照）に置き換えた DNN–HMM が，言語モデルについては，再帰型ニューラルネットワーク（RNN，2.4.4 項参照）を N–gram と併用するモデルが一般的になっている。さらに最近は，RNN を発展させた長・短期記憶（LSTM，2.4.5 項参照）のみで直接音声認識結果を出力する End–to–End の枠組みが研究されている。

1.1.2　音声認識の仕様の分類

現在の音声認識システムの技術的仕様を分類・概観する。

〔**1**〕　**利用話者**　　以前は，認識性能を確保するために話者を特定したシステムも設計・構築されていたが，大規模な人数のデータベースを構築することで，安定した不特定話者の音響モデルを構築できるようになった。ただし，利用話者が特定されているのであれば，その話者に適応したほうがよいが，システムの利用中に自然に適応していく方式（＝教師なし適応）が望ましい。

〔**2**〕　**語彙サイズ**　　以前の音声認識システムでは語彙サイズが性能の重要

な要因であったが，現在は数万以上の語彙でもそれほど問題にならない。それでも，数十単語の認識タスクが，数万単語の認識タスクに比べて容易なのはいうまでもない。

〔**3**〕**発話スタイル**　　特定のコマンドや地名・人名などのように，単語を単独で発話するような仕様も考えられるが，単語の系列をつづけて発話する連続音声を扱うことはそれほど問題ではない。それよりも，機械を意識して丁寧・明瞭に発声するか，人間どうしの自然な話し言葉であるかが重要である。多くの音声認識システムは，前者を想定していることが多い。人間どうしの話し言葉については，講演や議会のように公共の場で話す状況については実用的な水準になっているが，より自然な話し言葉が主な研究対象となっている。

〔**4**〕**入力環境**　　多くの音声認識システムは接話マイク（口元からマイクまで数十 cm 以内）での入力，すなわち SN 比が十分に高いことを前提としている。カーナビのように音環境がかなり限定できる場合は別として，一般的な騒音環境への対応は依然課題となっている。家電機器やロボットのように，遠隔で発話されることを想定する場合は，雑音だけでなく残響も問題になる。これも音環境が既知であれば対応が可能であるが，未知の環境への頑健性は大きな課題である。さらにマイクを意識しないと発話スタイルの自由度が高まる傾向にある。

また実環境においては，音声認識の前処理となる発話区間検出が困難になる。そのため多くのシステムでは，ユーザが発話する前にボタンを押したり，システムが発話できるタイミングの合図を出したり，最初にマジックワードを用いたりするなどのインタフェースを採用している。

1.1.3　音声認識の応用の展開

音声で扱われている主な情報が言語情報であるので，音声認識の応用システムは自然言語処理と密接に関係がある。典型的な音声言語処理とそれらの関係を図 **1.1** に示す。対話・翻訳・検索は自然言語処理においても典型的な応用であるが，これらを音声認識・合成と統合することによって，音声対話・音声翻

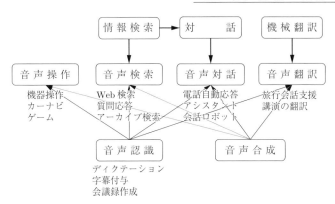

図 1.1　音声認識の応用システムと自然言語処理の関係

訳・音声検索といった代表的な応用が実現される。ここで音声検索は，音声入力で Web などを検索する場合（通常の音声検索）と，音声アーカイブを検索する場合（音声検索語検出）がある。なお図には示していないが，要約技術と組み合わせた音声要約に関する研究も行われている。

また，代表的な応用システムについて，使用環境・語彙サイズ・発話スタイルの観点からプロットしたものを図 1.2 に示す。実環境では小語彙のものが多

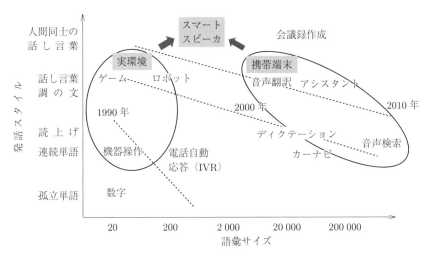

図 1.2　音声認識の応用システム

く，携帯端末では大語彙で話し言葉調の文に対応していることがわかる。ただし，当初携帯端末で実現された応用システムも自動車内や家庭内などの実環境に展開している。以下に，代表的な応用について説明する。

〔1〕 **音声認識によるテキスト化**　音声タイプ・音声入力ワープロは，音声認識の長年の目標の一つであった。1990年代に大語彙連続音声認識技術が確立した結果，パソコンの**ディクテーション**（dictation）ソフトとして実用化された。しかし，ディクテーションソフトは，医療や法廷などの一部の特殊用途や視覚障害者を除いて，あまり普及しなかった。その理由として，音声入力のほうがかえって疲れる，周囲に迷惑をかける，内容を周囲に聞かれる，といったことが考えられる。

これに対して，会議や講演のように元来音声で話されているものをテキスト化する応用も考えられる。ただし，これらは自然な話し言葉であるので技術的にかなり難しい。現状ではニュース番組や議会・学会講演などの公の場で話される音声（＝パブリックスピーキング）に関して，個別のモデル化を行うことで実用的なレベルに達しつつある。例えば，テレビ番組への字幕付与[5]，議会の会議録作成[6]や講演の字幕付与[7]において音声認識システムが実用化されている。

〔2〕 **音声操作**　キーボードなどの入力装置が使えない状況で，カーナビやゲーム機・家電製品などをハンズフリーで操作するのに音声は適している。ただし，未知の騒音・残響下で頑健に動作させることは容易でない。これらの機器では，計算資源・メモリが限られるので，十分な性能が得られないことが多かった。ただし，これらの機器もネットワークに接続されるようになって，クラウドサーバ型の音声認識を用いて，〔3〕の音声検索と合わせたシステムも実現されつつある。

〔3〕 **音声検索**　音声入力でWebなどを検索する**音声検索**（voice search）は，大語彙音声認識とWeb検索の単純な結合であるが，スマートフォンなどで効率よくWebや地図の検索が行えるので，幅広く使われている。その後，単純な検索だけでなく，質問応答や音声操作を組み合わせたアシスタントソフトが

開発された。最近は，スマートスピーカとしても展開している。これらは，後述の音声対話の振舞いを示しているが，基本的には一問一答の域を出ない。

　一方，大規模なアーカイブからの**音声検索語検出**（spoken term detection）に関しても，研究開発が行われている。米国では，公安目的を想定して電話会話や（未知の）外国語会話を対象とした研究開発が主流である。わが国では裁判員制度の導入に伴って，裁判の公判の音声をテキスト化して検索するシステムが導入されている。また，民間のコールセンターでは，顧客との会話が大規模に録音・蓄積されており，その検索やマイニングのニーズも強い。

〔4〕　**音声対話**[8]　　人間と音声で対話するシステムには，タスクゴールが明確に定義されているものと単に雑談を行うだけのものとがある。前者においては，タスク遂行を効率的に行うように音声言語理解や対話制御を設計・定式化する。代表的なタスクとして，乗り物やレストランなどの情報を案内するシステムが研究されてきた。米国では，電話の**音声自動応答**（interactive voice response, **IVR**）サービスに特化したシステムが，2000 年ごろから多くのコールセンターで導入された。これらにおいては，文法や対話フローなどの記述法が VoiceXML などとして規格化された。ただしこれらのシステムは，日本ではそれほど普及していない。その理由として，丁重なサービスに対する要求が高い反面，単純なことは早くから携帯電話のネットサービスで提供されていたことが考えられる。

　しかしながら，スマートフォンの登場・普及により状況が一変した。パソコンと同様の複雑なことができるにもかかわらず，キーボードがない状況（音声入力のニーズ）が現れたのである。シーズ面からも，クラウドサーバ型の音声認識により性能が格段に改善した。その結果，前述のアシスタントソフトが実用化された[9]。これらのシステムでは，語彙や対象ドメインが非常に大きく，さまざまな発話を扱う必要があるため，統計的言語モデルに基づいた音声認識と機械学習に基づく言語理解が導入されている。

　一方，**音声対話**（spoken dialogue）は，パソコンやスマートフォンだけでなく，人間型ロボットや仮想エージェントでも必要な機能として求められている。

これらにおいては，タスク遂行よりも話し相手として雑談を行うことが主に求められている。ただし，ロボットに装着されたマイクで音声認識を行うのは非常に困難で，限られた会話しか実現されていない。近年は，さまざまなセンシング技術やクラウドサーバ型の音声認識の導入により改善が図られ，接客するロボットも出現している。対話の制御を含めて技術的な課題は多いが，受付や話し相手として活躍するロボットの実現が期待されている。

〔**5**〕**音声翻訳** [10]　音声翻訳（speech translation）は，音声認識を行った結果に対して機械翻訳を適用するものであるが，いくつかの応用が考えられる。最も典型的なのは，外国語話者とコミュニケーションを行う際に支援を行う場合で，双方向・リアルタイムなシステムが要求される。例えば，日英音声翻訳では，日本語と英語の音声認識がリアルタイムで動作する必要がある。対象ドメインとして，当初は会議予約やホテル予約などの限られたものから取り組まれ，徐々に旅行会話や多様な日常会話に展開してきた。スマートフォンアプリとして実用化されている。

　一方，単方向でリアルタイムな音声翻訳として，講演や会議の同時通訳がある。音声認識としては，音声の書き起こし（会議録作成・字幕付与）に該当する。また，単方向でオフラインの音声翻訳として，外国語の音声アーカイブの検索がある。これらについても盛んに研究開発が行われている。

1.2　音声認識の原理

　統計的枠組みに基づく音声認識の原理について述べる。これは，単語辞書が与えられた上で，音響モデルと言語モデルの確率の積を計算する定式化である。さらに，代表的な言語モデルと音響モデルによる尤度計算の概要を述べる。音響モデルの詳細は 2 章，言語モデルの詳細は 3 章を参照されたい。

1.2.1　音声認識の定式化
音声認識は，入力音声の音響特徴量 X が与えられたときにその単語列 W を

同定する問題である。これは以下のように，$P(W|X)$ をベイズ則で書き換えることにより定式化する。

$$P(W|X) = \frac{P(W)P(X|W)}{P(X)} \tag{1.1}$$

ここで W の同定において分母 $P(X)$ は無関係なので，分子の二つの項の積を計算し，これが最大となる W を求めればよい。これは，単語列 W の言葉が音声という**雑音のある通信路**を伝わってきたものを情報理論に基づいて復号するモデル（noisy channel model）である。$P(W)$ は（その言語あるいは状況において）単語列 W が生成される先験的な確率であり，$P(X|W)$ は単語列 W から音声の特徴量 X が生成される確率である。

　通常は，単語は音素などのサブワード単位 S でモデル化されるので，以下のようになる。

$$P(W)P(X|W) = \sum_s P(W)P(S|W)P(X|S) \tag{1.2}$$

式 (1.2) では単語に複数のサブワード列（読み）があり，それらの尤度 $P(S|W)$ が与えられることを想定し，それらに関する総和をとっている。しかし実際には，単語と音素の関係は**単語辞書**（word dictionary）で決定的に与えられ（$P(S|W) = 1, 0$），複数の読みがある場合はそのうち尤もらしいほうを選択するのが一般的であるので，以下のようになる。

$$P(W)P(X|W) = \sum_s P(W)P(S|W)P(X|S)$$
$$\approx \max P(W)P(X|S) \tag{1.3}$$

これは音声認識が，（単語辞書が与えられたという前提で）二つの確率モデルを推定する問題に分割され，おのおのが生成モデルとして定式化できることを意味する。具体的に，$P(W)$ を計算するモデルは言語モデル（3.1.1 項参照）と呼ばれ，$P(X|S)$ を計算するモデルは音響モデル（2.1 節参照）と呼ばれる。

　以上述べた原理に基づく音声認識システムの構成を**図 1.3** に示す。この枠組みは 1990 年ごろに確立され，普遍的に用いられてきた。図に記しているよう

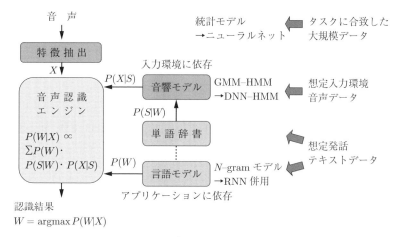

図 **1.3**　音声認識システムの構成

に，音響モデルは，音声認識システムが想定する入力環境・発話スタイルに合致するように音声データを収集して学習する必要がある。言語モデルと単語辞書は，応用タスクのドメインに合致するようにテキストデータを収集して学習する必要がある。

これに対して図 **1.4** に示すように，上記のモジュールを統合的にニューラルネットワークで構成して，$P(W|X)$ を直接推定する End–to–End（1.4.5 項参照）の枠組みが研究されている。その中で最も早く実現されたのが，音素や文字などのサブワードを出力の単位とする LSTM を用いて，その出力系列を縮約するコネクショニスト時系列識別法（CTC，2.4.6 項参照）である[11]。これと

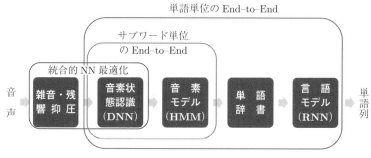

図 **1.4**　End–to–End 音声認識

は別に，LSTM で入力系列をいったん符号化した後に，サブワード系列に復号化する注意機構モデル[12] も検討されている。さらに最近は，再帰を用いずに**自己注意機構**（self–attention）だけで構成するトランスフォーマーといったモデルが導入されている。これらのモデルはサブワード単位の言語モデルを暗黙的に包含し，$P(S|X)$ を直接計算するものと捉えられる。

認識の単位として，**単語ピース**（word piece）や**バイトペアエンコーディング**（byte–pair encoding）などのサブワードが用いられることが一般的であるが，単語を出力の単位としたモデル化も検討されている。サブワードに単語境界の記号を含めていたり，単語を認識の単位とする場合には，$P(W|X)$ を直接計算することができる。

1.2.2 統計的言語モデルによる尤度計算

音声認識の言語モデルには古くから，想定している文のパターンを規則やネットワーク形式で記述した文法（**記述文法**，handcrafted grammar）が用いられてきた。これは，式 (1.3) の $P(W)$ について 1,0 で受理できるか否かを与えるものである。ただしこの方式は，多様な発話のバリエーションに対応できないので，限定されたタスク以外では用いられない。

この問題を解決するため，テキストデータベース（コーパス）から学習する統計的言語モデルが用いられるようになった。このうち，単語 N–gram モデル（1.4.2項〔3〕，3.2.1 項参照）が主に採用されてきた。これは単語列 $W = w_1, \ldots, w_n$ の生起確率 $P(W)$ を求めるときに，以下のように，現在の単語 w_i の生起確率を直前の $(N-1)$ 単語に基づいて推定する生成モデルである。

$$
\begin{aligned}
P(W) &= \prod_i^n P(w_i|w_1, \ldots, w_{i-1}) \\
&\approx \prod_i^n P(w_i|w_{i-N+1}, \ldots, w_{i-1})
\end{aligned}
\tag{1.4}
$$

この確率値は，学習コーパス中の N 単語連鎖の出現頻度を計数すれば最尤推定できる。しかし，認識対象となる単語連鎖がたまたま学習コーパス中に含

まれていない場合には確率値が 0 と推定されてしまうため，実際には平滑化（smoothing）を行う必要がある。この詳細は 3.2 節で説明する。このモデルは，きわめて単純な割に強力であったため，長くベースライン手法として用いられてきたが，N 単語より長い履歴を考慮できないという本質的な問題があった。

これに対して近年，それまでの単語履歴の状態を保持しておいて，つぎの単語を予測する RNN に基づくモデルが導入されている[13),14)]。これは直接式 (1.4) を計算するモデルとみなすことができる。ただし，RNN は計算量が大きいので，N–gram モデルを用いて求めた複数候補のリスコアリング（rescoring）に用いるのが一般的である。前述の End–to–End モデルに，大規模な RNN 言語モデルを浅い統合（shallow fusion）にすることも一般に行われる。

1.2.3　統計的音響モデルによる尤度計算

音声認識の音響モデルには，1990 年ごろから HMM が標準的な手法として用いられてきた。サブワード S を構成する単位は，音素が一般的であるため音素モデルとも呼ばれる。実際には音素の前後文脈を考慮した**トライフォン**（triphone）などの単位が用いられる。例えば，トライフォン /a-k+i/ は前に母音/a/，後に母音/i/がある子音/k/である。

その上で，入力音声の特徴量の時系列 $X = x_1, \ldots, x_T$ に対して，サブワード S のモデルによって生成される確率 $P(X|S)$ を計算する。この生成モデルである HMM のパラメータ（状態遷移確率および GMM を構成する平均・分散・重み）を，学習データセットに対して $P(X|S)$ を最大化するように EM アルゴリズムで**最尤推定**（maximum likelihood estimation）するのがベースラインの方法である。HMM の詳細は 2.1.2 項で解説する。

この最尤推定の代わりに，認識精度により直接関係すると考えられる相互情報量や識別誤りを目的関数として，パラメータを推定する識別学習の方法がさまざまに研究され，実際に認識精度の改善につながった。

しかし近年になって，DNN を用いる手法が導入され，高い認識性能を実現することが明らかになったので，GMM にとって代わった[15),16)]。現在主流の

方法は，DNN を HMM と組み合わせるハイブリッド方式（DNN–HMM）で，上記の $P(X|S)$ を DNN で計算するものである。

　これに対して，HMM を用いずに直接音声の特徴量系列 X からサブワード系列 S を求める End–to–End モデルの研究が行われている[11), 12)]。通常 LSTM が用いられ，DNN と同様にフレーム単位の入力を扱うが，出力には音素や文字などを主に想定している。CTC では，以下のようにフレームごとの出力 s_t を集積するが

$$p(S|X) = \sum \prod_{t=1}^{T} p(s_t|x_t) \tag{1.5}$$

ブランク記号も許容した上で，時間的に連続した同一の出力記号を一つにまとめる操作を行う（式 (1.5) の $\sum$ に相当）。**注意機構モデル**（attention–based model）や**トランスフォーマー**（transformer）では，入力系列をいったん分散表現 $H = h_1, \ldots, h_T$ で符号化した上で，別の LSTM で音素や文字の系列に復号する。これは直接 $P(S|H) = P(S|X)$ を計算し，この値が最大となる S を出力することに相当する。これらの概要を**図 1.5** に示す。

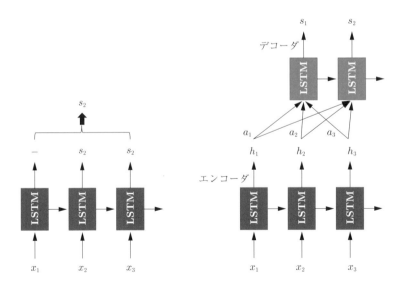

（ a ）コネクショニスト時系列識別法 CTC　　　　（ b ）注意機構モデル

図 1.5　コネクショニスト時系列識別法（CTC）と注意機構モデル

深層学習を利用した音響モデルの詳細については 2.4 節で解説する。

1.3 音声認識のための特徴量

音声認識のための特徴量（音響特徴量）について述べる。これは，音声分析†に基づいて計算する。その上で，複数フレームにわたる連結処理（スプライシング）と回帰係数（デルタパラメータ）の計算を行う。さらに，統計的な処理も検討されている。

従来（表 1.1 の第 4 世代より前），音声認識においては，ソースフィルタモデルに基づいて，音韻的な情報を表すスペクトル包絡に対応する特徴量を抽出することが基本的な考え方であった。そのため，線形予測（LPC）分析やケプストラム分析などに基づいて特徴量が定義された。その代表的なものがメル周波数ケプストラム係数（MFCC）である。

しかしながら DNN に基づく音声認識においては，そのような特徴抽出もニューラルネットワークの学習に委ね，できるだけ "生" の特徴量を入力するのが望ましいとされている。特に畳み込みニューラルネットワーク（CNN，2.4.3 項参照）[17],[18] は特徴抽出を明示的に指向したものである。

1.3.1 メルフィルタバンクと MFCC

音声認識において現在最も標準的に用いられているメル周波数スペクトルと MFCC を求める手順について述べる。この概要は**図 1.6** に示すとおりであるが，基本的にはパワースペクトルを求めて，フィルタバンク分析を適用するものである。音声認識においては，位相情報は用いず，また日本語では基本周波数の情報も用いない。

まず，時間窓をかけた分析フレームに対して，**短時間フーリエ変換**（short–term Fourier transform，**STFT**）を行い，パワースペクトルを求める。得られた振幅スペクトルに対して，多数の帯域通過フィルタから構成されるフィルタバン

---

† 音響学講座 6『音声（上)』の 4 章参照。

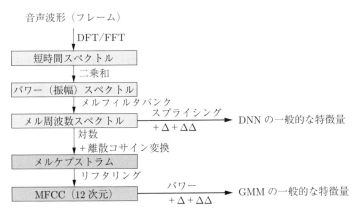

図 **1.6** メル周波数スペクトルと MFCC の算出過程

ク分析を行う。この際に周波数軸 f については，人間の聴覚特性に近いとされる以下のメル周波数に変換する。

$$mel(f) = 2\,595 \log_{10}\left(1 + \frac{f}{700}\right) \tag{1.6}$$

　フィルタバンクの各帯域通過フィルタは三角窓で構成し，その中心周波数はメル周波数軸上で等間隔に配置し，カットオフ周波数は隣接するフィルタバンクの中心周波数に合わせる。このメルフィルタバンクは，高域の周波数ほどマスキング幅が広くなるという性質を模擬するものである。16 kHz サンプリング（8 kHz 帯域）の場合，24〜40 個程度のフィルタを用意する。

　このようにして得られる**メル周波数スペクトル**（mel–frequency spectrum）の対数をとって，**離散コサイン変換**（discrete cosine transform, **DCT**）したものが**メルケプストラム**である。**ケプストラム**（cepstrum）は，ソースフィルタモデルに基づき，スペクトルの包絡成分と調波成分を分離した表現であり，最初の 12 次元程度が包絡に関する特徴量表現となっており，これを**メル周波数ケプストラム係数**（mel–frequency cepstrum coefficient, **MFCC**）と呼ぶ。MFCC は音声の音韻的特徴をコンパクトに表現するものであるが，音楽や環境音などのさまざまな音の処理においても広く用いられる。ただし，MFCC にはパワーの情報が失われているので，パワーもしくは 0 次ケプストラムの値を別

途用いることが多い。MFCC は各次元の独立性が比較的高く，相関を考慮しない対角共分散の正規分布でモデル化できるので計算量・記憶量の上で優れており，GMM において標準的に用いられていた。これに対して DNN では，入力特徴量の次元数が非常に多くても，またそれらに相関があってもあまり問題とならないので，より"生"の特徴量であるメルフィルタバンクの出力（の対数をとったもの）が用いられることが多い。

1.3.2　スプライシングとデルタパラメータ

音声認識においては GMM でも DNN でも，まず各フレームごとに分類・識別が行われるが，その際には当該フレームだけでなく，前後のフレームの特徴が有用である。その捉え方には 2 通りの方法がある。

一つは単純に前後の特徴量を連結するもので，**スプライシング**（splicing）と呼ぶ。例えば，前後各 5 フレーム分を連結すると 11 フレーム分の特徴量を用いることになる。ただし，近隣フレーム間の周波数スペクトルに大きな差はなく，明らかに冗長性が大きいので，つぎに述べる統計的特徴量変換により次元圧縮することがある。GMM ではこの次元圧縮は必要不可欠であるが，DNN ではスプライシングしたまま用いることが多い。

もう一つの方法は時間的変化量を特徴量とするもので，最も典型的なのは，前後各 2 フレーム分を連結した 5 フレームにおける回帰係数を求めた**デルタ**（Δ）**パラメータ**（delta parameter）である。

$$\Delta x_t = \frac{\displaystyle\sum_{k=-2}^{2} k x_{t+k}}{\displaystyle\sum_{k=-2}^{2} k^2} \tag{1.7}$$

さらに，Δ パラメータの回帰係数の $\Delta\Delta$ パラメータも併用することが多い。

スプライシングとデルタパラメータは冗長であるように思われるが，後者は局所的な動的特徴を捉えているのに対して，前者は前後の音素に及ぶ調音結合も捉えるもので，DNN ではこれらを併用する。結果として，各フレームで 40 次元の

メルフィルタバンク出力を用いる場合, その 11 (フレーム) $\times 3\,(+\Delta+\Delta\Delta)=33$ 倍の $1\,320$ 次元の特徴量となる。この音響特徴量の抽出の様子を図 **1.7** に示す (この図では, 簡易のため, 3 フレームでデルタパラメータ計算, 7 フレームでスプライシングとなっている)。

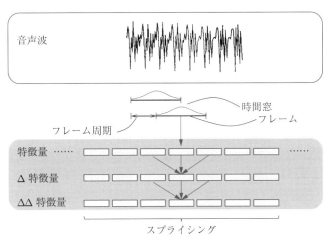

図 **1.7**　音響特徴量の抽出

1.3.3　特徴量の統計的変換

一般にパターン認識において, 特徴量の次元が大きい場合は, 次元を圧縮して, たがいの独立性が高く, 識別に有用な特徴量表現に変換することが行われる。これは通常, 線形変換あるいはアフィン変換に基づいて行われる。

$$x' = Ax + b \tag{1.8}$$

ここで, x は元の特徴量で d 次元ベクトル, x' は変換後の特徴量で d' 次元ベクトル $(d' \le d)$ で, A は $d \times d'$ 次元の行列, b は d' 次元ベクトルである。

最も古典的な方法は, **線形判別分析** (linear discriminant analysis, **LDA**) で, クラス間分散とクラス内分散の比を最大化するように変換を行う。これは x の共分散行列の固有値の大きいほうから d' 個選び, これらに対応する固有ベクトルを並べることで A を構成することができる (b は用いない)。

これに対して，音響モデルの尤度が大きくなるように A と b を推定する方法が提案されており，**MLLT**（maximum likelihood linear transformation）や **fMLLR**（feature–based maximum likelihood linear regression）[19] などがある。これらにおいては通常次元は圧縮しない（$d' = d$）。

上記のように線形変換を統計的に学習するのではなく，声道長に応じて周波数スペクトルの軸を伸縮する**声道長正規化**（vocal tract length normalization, **VTLN**）[20] もある。ただし実際に個人ごとに声道長を測定することはできないので，音響モデルの尤度が大きくなるように伸縮係数を推定する方法が一般的に用いられる。

これらの方法は，GMM ではいずれも効果があり，組み合わせて用いられていたが，DNN ではこのような変換も暗黙的に学習されるので，用いられないことが多い。

1.3.4　特徴量の正規化

音響特徴量は，話者や入力環境・チャネル（マイク特性を含む）の影響も受けるので，音声認識においては正規化しておくのが望ましい。

特徴量に MFCC を用いる場合は，**ケプストラム平均正規化**（cepstrum mean normalization/subtraction, **CMN** あるいは **CMS**）が一般に行われる。これは，前記の話者や入力環境・チャネルの影響がケプストラムの長時間平均 μ で表現できると仮定し，現在の入力フレームの MFCC の値 x からそれを差し引くものである。

$$x' = x - \mu \tag{1.9}$$

これは雑音抑圧のために周波数領域で行われる**スペクトル減算**（spectrum subtraction, **SS**）と対比できる。SS が周波数領域で定常的な加法性の雑音を差し引くのに対して，CMS はケプストラム領域で実行されるが，これは周波数領域で乗算性の雑音・ひずみ，すなわち時間領域で畳み込まれる特性を減殺することに相当する。これらのひずみ特性はクリーンな環境でも不可避なものな

ので，CMS は広範な場合で一定の効果がある。なおデルタ特徴量については，CMS を行っても値は変わらない。つまり，デルタ特徴量はもともと頑健であるといえる。

平均に加えて，分散でも正規化することができ，これを**ケプストラム分散正規化**（cepstrum variance normalization，**CVN**）と呼ぶ。

$$x' = \frac{x - \mu}{\sigma} \tag{1.10}$$

ここで平均 μ や分散 σ は，入力音声ファイル全体から計算する。しかし，オンラインリアルタイムの認識の場合は計算することができないので，前発話から計算した値を用いるなどする必要がある。

これに対して，DNN で一般に用いられるメルフィルタバンク出力については，上記のようなひずみ特性抑圧効果は期待されないが，DNN（あるいは事前学習に用いる制約付きボルツマンマシン）自体が入力に平均 0，分散 1 の正規分布を想定しているので，式 (1.10) と同様に各特徴量に対して平均および分散で正規化を行う必要がある。その場合の平均・分散は，入力全体とデータベース全体を用いて計算するが，オンラインリアルタイムの認識の場合はやはり問題となる（学習データベース全体の値を用いることは可能）。DNN においては各層の出力についても同様に平均と分散で正規化することによる効果があり，これを**レイヤー正規化**（layer normalization）と呼ぶ。

1.4 音声認識システムの構成

音声認識システムの構成について述べる。1.2 節で述べた音声認識の原理をどのように実現するかであるが，音響モデルと言語モデルについては別の章で詳しい説明があるので，ここではシステムのアーキテクチャと認識エンジン（デコーダ）に焦点をおいて述べる。

1.4.1　音声認識システムの動作方式による分類

まず，音声認識システムの動作方式について，分類を行う。

〔1〕　オンラインとオフライン　　マイクやネットワークを通して入力される音声を逐次処理するのがオンライン（またはストリーミング）で，ファイル入力のように音声全体をまとめて処理するのがオフラインである。オンラインの場合はリアルタイムに近い処理が想定されるが，多くの場合は発話単位で認識結果を確定できればよく，純粋にフレーム単位でリアルタイム処理を行う必要はない。しかし，発話単位でオフライン処理するのは現実的でなく，音響モデル尤度の計算など計算量が大きい部分はリアルタイムで実行する必要がある。オフラインの場合は時間の制約なく処理を行うことができるが，大規模データをリアルタイムより速く処理することも可能である。

　オンライン処理において問題になるのが，入力全体を用いて特徴量を正規化したり，計算量が大きな多段の処理を適用できないことである。しかし前述のとおり，多段の処理がまったく行えないわけではない。

〔2〕　分散（ネットワーク）処理と統合（ローカル）処理　　認識システム全体を1台のパソコン・携帯端末などで動作させる必要があるか，あるいはクラウドサーバなどでネットワーク処理してもよいか，などもシステム設計上で考慮する必要がある。

　ネットワーク処理の場合は，CPU・GPU・メモリなどの計算資源の自由度が大きいが，ローカル処理の場合はこれらに大きな制約がある。特に，ノートパソコンや携帯端末では通常 GPU がないので，大規模な DNN を動作させるのは困難であり，GMM においても相応の効率的な計算が必要である。

1.4.2　言語モデルの種類による分類

言語モデルの種類によって，認識エンジンの処理方式が大きく異なる。

〔1〕　単語認識　　言語モデルを用いずに，限定された語彙の単語単位の入力のみを想定する単語認識（word recognition）は，コマンド入力，地名や商品名などの入力に用いられ，想定する単語（フレーズを含む）のリストと照合

すればよい。各単語を構成するサブワードモデルを連結すればよいが，単語の数が非常に多い場合は，**図 1.8** のように単語辞書を木構造化することで効率化できる。

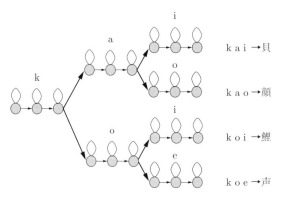

図 1.8　木構造化単語辞書

〔**2**〕　**記述文法**　　連続音声認識においても，フォーム入力などきわめて限定されたタスクにおいては，人手で決定的な文法を記述することができる。記述文法が**図 1.9** のように有限状態オートマトンに展開される場合は，このようなネットワークを構築し，各アークで受け付ける単語リストに対応する単語辞書を図 1.8 のように構築することにより音声認識が実現できる。

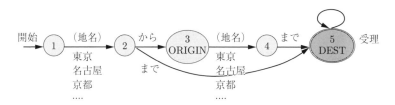

図 1.9　有限状態オートマトンによる記述文法

ただし，ネットワークが膨大になったり，そもそも有限状態オートマトンに展開できない場合は，仮説ごとに文法状態を保持しておいて，つぎの単語リストを動的に予測する。このように順次生成・展開される仮説の中から尤度の高いものだけを残すビームサーチ（詳細は 1.4.3 項で後述）を行う。

〔**3**〕 **N–gram モデル**   コーパスから推定した単語の連接確率に基づく
のが **N–gram モデル**（3.2.1 項も参照）で，大語彙連続音声認識において最も
一般的に用いられている。局所的なモデルで，かつスパースなので，2–gram や
3–gram であれば，図 **1.10** に示すようにアークに確率に応じた重みを付けるこ
とにより，有限状態オートマトンで表現可能である。ただし，非常に巨大にな
るので，後述する WFST では最小化などの操作を行う。それでも多くのメモリ
を必要とするので，つぎの単語に遷移する際に照合したり，動的にネットワー
クを生成する方式が一般的に用いられている。

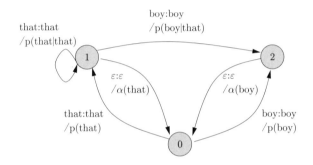

バイグラムは，"that boy" と "that that" のみ存在
a はバックオフ

図 **1.10** N–gram モデルの WFST による表現

〔**4**〕 **ニューラル言語モデル**   RNN などの長距離の履歴を用いる言語モ
デルでは，仮説すべての履歴を保持しておく必要があるため，N–gram モデル
のようにネットワークのノードの統合や縮約ができない。したがって，N–gram
モデルで初期認識結果の複数候補を得てから，リスコアリングに用いるのが一
般的であった。

　これに対して近年，End–to–End の枠組みで音響モデルと統合的に構築する
ことが検討されている。

　以上を表 **1.2** にまとめる。本項では，言語モデルに着目して仮説履歴の管理
について言及したが，音響モデルにトライフォンモデルなどの前後の音素に依

表 **1.2** 言語モデルとデコーディング方法

	単語認識	記述文法	N–gram	RNN
ネットワーク 展開可能？	○木構造辞書	多くの場合○	○ だが 巨大	×（再帰表現）
仮説管理に 必要な情報	な し	文法状態	前 $(N-1)$ 単語	全単語履歴
デコーディング／ リスコアリング	デコード	デコード	N が大きいと リスコア	リスコア か End–to–End

存するモデルを用いる場合は，最初の音素は先行単語の最後の音素に，最後の音素は後続単語の最初の音素に，おのおの依存するので対応が必要となる。

1.4.3 大語彙連続音声認識エンジン

本項では，N–gram モデルを用いた大語彙連続音声認識エンジン（デコーダ，decoder）について述べる。音声認識エンジンは，1.2 節で説明した音響モデル尤度を各フレームごとに，言語モデル尤度を各単語ごとに計算し，最も尤度の高い単語列を見つける。ただし，語彙サイズが数万以上の大語彙で，長さ乗だけ仮説が存在しうる連続音声を対象とする場合，すべての仮説について正確に尤度を計算するのは不可能なので，近似や枝刈りを導入する必要がある。枝刈りには，**ビームサーチ**（beam search）が一般的に用いられる。これは現時点で最尤の仮説から一定の範囲の仮説を保持するものである。この様子を図 **1.11** に示す。

代表的なデコーディング手法，および一般的に認識エンジンで指定するパラメータについて以下に述べる。

〔**1**〕 **1 パスビームサーチ** 動的に仮説を生成しながら，枝刈りを実行する。3–gram 以上のモデルを単純に実装すると処理が重くなるが，後述する WFST の導入により，一般的な方法となった。必要メモリ量は大きいものの，近似がないので認識精度の低下は少なく，制御するパラメータも少ない。リアルタイム処理に適している。End–to–End モデルにおいても一般的な方式である。

〔**2**〕 **マルチパス探索** 最初に簡便なモデルを適用して候補を絞ってから，

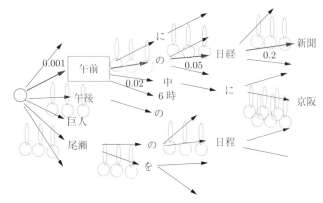

図 **1.11**　ビームサーチによる探索の様子

後段で精密なモデルを再適用する[21]。マルチパス探索の後段では，大規模・長距離の言語モデルを用いたり，話者適応した音響モデルを用いることもできる。ただし，オンライン認識の場合は，後段の処理も高速にする必要がある。

〔**3**〕　**ビーム幅**　　ビームサーチのパラメータである**ビーム幅**（beam width）は，保持する仮説数で指定する場合と最尤仮説からのスコア幅で指定する場合がある。最終的な最尤仮説が途中で枝刈りされないように十分なビーム幅を指定する必要があるが，計算量と処理速度はビーム幅に比例する。タスクや言語モデルの複雑度（パープレキシティ）や音響的なマッチングの度合い（雑音の有無など）などを考慮して決定する。

〔**4**〕　**言語モデル重みと挿入ペナルティ**　　音声認識の仮説の尤度は，式 (1.3) の対数をとったものが基本であるが，言語モデル尤度に重み α を乗じ，さらに仮説中の単語数 N に応じた定数項を加えて，式 (1.11) で定義することが一般的である。

$$f(W) = \log p(X|S) + \alpha \log p(W) + \beta \cdot N \tag{1.11}$$

ここで，α は**言語モデル重み**（language model weight）と呼ばれ，音響モデル尤度と言語モデル尤度のダイナミックレンジの違いを補償する。一方，β は**挿入ペナルティ**（insertion penalty）と呼ばれ，短い単語の連接よりも長い単語

を選好するようにする。これらの値も認識精度に少なからず影響するので，グリッドサーチにより決定する。まず言語モデル重みを認識精度が高くなるように調整した上で，挿入ペナルティは挿入誤りと削除誤りが同程度になるように調整する。

1.4.4 重み付き有限状態トランスデューサ（**WFST**）

重み付き有限状態トランスデューサ（weighted finite–state transducer, **WFST**）に基づく音声認識デコーダは，探索空間を原理的にすべて展開した上で，1パスで処理を行うもので，枝刈りのためにビーム幅だけを制御すればよい。N–gram モデルを単純に展開すると膨大になるが，理論的に強固な方法で最適化を行う。それでもかなりの記憶容量が必要となるが，計算機性能の進展により現実的に実装・利用できるようになった。

FST は有限状態オートマトン（FSA）に出力記号を追加したもので，WFST はさらに重みを付与したものである。すなわち，有限個の状態から構成され，入力に対して状態を遷移し，出力記号と重みを生成する。この例を**図 1.12** に示す。ここで重みについて，音声認識で用いる対数尤度計算と整合させるために，半環の性質を満たすものと仮定する。

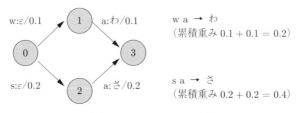

図 **1.12** WFST の 例

このとき WFST デコーダは，与えられた入力 X に対して，X を受理する累積重み（負の対数尤度）が最小になる経路を探索し，その経路による出力記号列を生成するものである。

WFST では以下の最適化を，以下の順番で行う。

1) **決定化（det）**　非決定性の遷移をなくし，入力に対して可能な遷移が高々一つになるようにする。これはネットワークにおける分岐（アーク数）を少なくすることに対応する。

2) **重みプッシュ**　経路上の早い段階でできるだけ重みの計算が行えるようにする。これは，モデルの制約を早期に適用し，枝刈りを効率的に行えるようにするものである。

3) **最小化（min）**　有限状態オートマトンの最小化を適用し，ノード数を減らす。

また，複数の WFST を合成することもできる。これにより，複数の WFST を逐次的に適用する場合と同じ結果が得られ，統合的に 1 パスで処理が実現できる。例えば，M1 と M2 を合成した WFST を M1 ○ M2 と表記する。この例を図 **1.13** に示す。

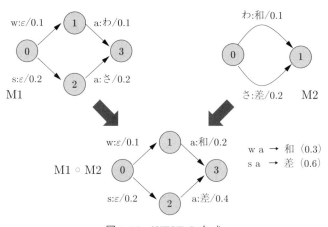

図 1.13　WFST の 合 成

つぎに，音声認識に必要な以下の要素を WFST で表現する。

1. **G：言語モデル（*N*–gram）**　単語系列に対して対数尤度を与える（入力系列と出力系列は同じ）。バックオフを考慮して構成する（図 1.10 参照）。

2. **L：単語辞書**　音素系列から単語系列に変換する。

3. **C：トライフォンリスト**　トライフォンのエントリを音素系列に変換す

る（H と L のインタフェース）。隣接するトライフォンの整合性の制約も
与える。

4. **H：音素モデル（HMM）** 状態系列をトライフォン系列に変換する。
このとき，探索空間のネットワークは，H ∘ C ∘ L ∘ G で定義されるが，以下の
ように合成・最適化される。

$$\min(\det(H \circ (C \circ \det(L \circ G))))$$

これにトライフォンの各状態の尤度（GMM または DNN で計算される）を加
えることで，認識処理が行われる。

　ただし，語彙サイズや言語モデルが大きくなると，ネットワークが巨大にな
り，必要なメモリ量も膨大になるので，上記のすべてをあらかじめ合成するの
ではなく，部分的に合成しておいて，残りは認識処理中に必要な部分を動的に
合成する方法（on–the–fly 合成）が用いられる[22]。例えば，言語モデル G と
してユニグラムまでを上記の枠組みで合成し，その結果に対して高次の N–gram
モデルを適用する。これは，最初に 1–gram モデルで探索を行うマルチパス探
索に相当する。

1.4.5　End–to–End 音声認識

　CTC や注意機構モデルなどの **End–to–End 音声認識** では，音素や文字な
どのサブワード系列が直接出力される。デコーダニューラルネットワークは通
常，サブワード系列の履歴について学習されているので，サブワード単位の言
語モデルも暗黙的に学習されている。

　ただし，語彙の知識がないと，言語的に無意味な系列が得られる可能性が高
い。そこで，単語辞書や単語単位の N–gram モデルを別途構築し，WFST の
枠組みで適用することも考えられる。これは，前項の（C ∘ det(L ∘ G)）だけを
実行することに相当し，日本語の場合はかな漢字変換に相当する。実際には，C
の代わりにフレームごとのすべての音素／文字の確率系列に対して，（CTC の
場合は縮約処理とともに）適用することになる。この場合には，1.4.3 項で述べ

た言語モデル重みや挿入ペナルティも用いてビームサーチを行う。

さらに最近では，単語を単位とした End–to–End モデルや単語境界の記号も含むサブワードモデルの構築も行われており[23]，この場合，語彙の知識も反映した単語系列が直接得られることになる。すなわち，音声認識エンジン（デコーダ）が LSTM と CTC，注意機構モデル，もしくはトランスフォーマーのみで実現されることになる。ただし，全履歴を管理した複数仮説を保持したビームサーチは必要となる。

1.5 音声認識結果の扱い

まず，音声認識結果の評価尺度について述べる。つぎに，複数候補の表現法について紹介し，音声認識結果の信頼度尺度とその計算方法について述べる。最後に，複数の音声認識結果を統合する方法を紹介する。

1.5.1 音声認識結果の評価尺度

音声認識結果は単語列／文字列の形式で出力されるので，正解のテキストと比較することで評価を行う。なお，音声認識では通常句読点を扱わないし，ショートポーズに句読点を対応づけて出力したとしても，評価の対象としない。句読点の付与は後処理の問題として扱われる。

認識結果と正解の単語列／文字列を比較するには，DP マッチングを行う。これは，挿入や脱落も許しながら，累積の編集距離が最小となる対応づけ（アライメント）を見つける。ここで編集距離（edit distance）は，置換誤りと挿入誤りと脱落誤りの数の合計である。これを正解テキストの文字数／単語数で正規化したものが，**文字誤り率**（character error rate，**CER**）と**単語誤り率**（word error rate，**WER**）である。

$$編集距離 = \#(置換誤り) + \#(挿入誤り) + \#(脱落誤り) \tag{1.12}$$

ここで，$\#()$ は数を表す。

$$文字誤り率 = \frac{文字単位のアライメントによる編集距離}{正解テキストの文字数} \tag{1.13}$$

$$単語誤り率 = \frac{単語単位のアライメントによる編集距離}{正解テキストの単語数} \tag{1.14}$$

ここで，比較・アライメントを単語単位で行うか，あるいは文字単位で行うか，という問題がある。英語のように単語が空白で分かち書きされていれば単語の単位は明白なので単語単位で行い，中国語のように単語に区切るのが容易でなければ文字単位で行う。この際，言語モデルの単位にそろえるのが通常であるが，必ずそうする必要があるわけではない。日本語の場合は単語の単位は明確でないが，言語モデルは形態素解析に基づいて，疑似的な「単語」単位で構成するのが一般的である。したがって，正解テキストに対しても形態素解析を行えば，「単語」単位で誤り率を計算することが可能になる。しかしながら，用いる形態素解析システム（正確には形態素解析で用いる単語辞書）が異なれば，「単語」の単位が異なるので，おのおのに基づいて計算される単語誤り率を比較することはできない。この問題を回避するには，たとえ言語モデルが「単語」単位で構築されていても，文字誤り率で評価するのが望ましい。

単語誤り率と文字誤り率の計算例を図 **1.14** に示す。この例では両者の差はかなり大きいが，実際にはそれほど大きな差はない。

誤り率は小さいほうがよい評価尺度であるが，認識の正しさを表す評価尺度として，**認識精度**（accuracy）と**正解率**（correctness）があり，上記と同様に

正解（5単語）	ライ麦	畑	で	つかまえ	て	
認 識 結 果	ライ麦	畑		つかまっ	て	ね
	C	C	D	S	C	I

➡ 単語誤り率 = 3/5

正解（10文字）	ラ	イ	麦	畑	で	つ	か	ま	え	て
認 識 結 果	ラ	イ	麦	畑		つ	か	ま	って	ね
	C	C	C	C	D	C	C	C	S	C	I

➡ 文字誤り率 = 3/10

C：正解，S：挿入誤り，D：脱落誤り，I：挿入誤り

図 1.14 単語誤り率と文字誤り率の計算例

文字／単語おのおのに定義される。

$$\text{文字認識精度} = 1 - \text{文字誤り率} \tag{1.15}$$

$$\text{単語認識精度} = 1 - \text{単語誤り率} \tag{1.16}$$

$$\text{文字正解率} = \frac{\text{文字単位のアライメントによる正解数}}{\text{正解テキストの文字数}} \tag{1.17}$$

$$\text{単語正解率} = \frac{\text{単語単位のアライメントによる正解数}}{\text{正解テキストの単語数}} \tag{1.18}$$

認識精度と正解率の違いは挿入誤りを計数しているか否かである。正解率は，正解テキストに対する再現率と捉えることもできる。認識精度は挿入誤りに応じて小さくなるので，理論的には負の値もとりうる。通常は挿入誤りも考慮する必要があるので，誤り率あるいは認識精度が一般的な評価尺度として用いられるが，検索などの応用では再現率が重視されることもある。また，話し言葉では，「あのー」などのフィラーが非常に多く含まれるが，フィラーを含めて正解テキストを用意するのはたいへんな割にフィラーを正しく認識することに意味はないので，フィラーのないテキストを用意して正解率で評価することも現実的である。

日本語の音声認識結果を評価する際に問題となるのが，かな・漢字（さらに英字）の表記の揺れである。例えば，「行う」と「行なう」，「明日」と「あす」，「ウインドウズ」と「Windows」である。このようなあいまい性のある単語の一覧を用意しておいて，どちらかにそろえてからアライメントを行うことも考えられる。しかし，「行う」のように活用形がある場合はすべてを考慮する必要があるし，「行った」が「おこなった」であるか「いった」であるかというあいまい性も生じる。「明日」も「あす」か「あした」かあいまいであるし，「明日」を「あす」にすると「明日香」が「あす香」になり，「あす」を「明日」にすると「りあす式海岸」が「り明日式海岸」になるといった副作用が生じる。このように完璧な対応策を用意するのは不可能と考えられるので，表記の揺れについて対応しないのも現実的である。実際に認識精度への影響はわずかである。ただ

し，「データ」と「データー」のように単語末の伸ばし記号の違いを無視する程
度の処理は容易である。

1.5.2 音声認識結果の複数候補の表現

音声認識結果として通常は，第1候補の単語列／文字列のみを用いるが，複
数候補が得られているとよい場合もある。特に，後段で言語処理を行う際には，
音声認識結果の第2候補以下のものが最終的な結果となることもある。また，
音声認識結果に基づいて検索を行う際には，ヒットする割合（再現率）が高く
なる。1.4.3項で述べたようにマルチパス探索において中間表現としても用いら
れ，例えば，高度な言語モデルを適用してリスコアリングを行う際には不可欠
である。

複数候補の表現方法の代表的なものは以下の三つである。これらを図 **1.15**
に示す。

N–best リスト
第1候補：京都 大学 に 行き ました
第2候補：京都 大学 に 行き ます
第3候補：京都 大学 に 来 ました
第4候補：京都 大学 へ 行き ました
第5候補：今日 と 大学 に 行き ました

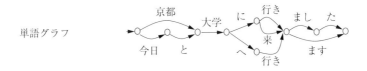

単語グラフ

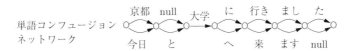

単語コンフュージョン
ネットワーク

図 1.15 N–best リスト・単語グラフ・単語コンフュージョンネットワーク

〔1〕 **N–best** リスト[24] **N–best** リスト（N–best list）は，入力全体
に対する単語列／文字列の複数候補を尤度の高い順に並べたものである。リス
コアリングを含む後段の処理の適用が容易である。特に言語処理の多くは入力

に文を想定しているので，整合性が高い。ただし，各候補の間では 1～2 単語の異なりしかなく，かなり多数の候補を得ないと後段の処理，特にリスコアリングでは効果が得られない。

N–best リストは単純なように見えるが，正しく得るには認識エンジンのアルゴリズムで考慮が必要であり，実際に多数の候補を出力するにはかなりの時間（遅れ）を要する。

〔2〕 **単語グラフ**[25]　　単語グラフ（word graph）は，認識の過程で生成されマージされた複数の単語仮説を，位置を含めて保持したものである。同じ単語であっても履歴が異なれば位置が異なるので，別々に扱われる。N–best リストと比べて，コンパクトに多数の候補を表現できるが，リスコアリングなどの後段の処理を適用するには再度探索が必要となり，実装が面倒である。

〔3〕 **単語コンフュージョンネットワーク**[26]　　単語コンフュージョンネットワーク（word confusion network）は，単語グラフを縮約して，すべての単語仮説の位置が全順序関係になるように整列したものである。具体的には，単語グラフにおいて前後の履歴が異なる同一の単語仮説を統合し，異なる単語仮説でも位置が重なるものをアライメントする。

単語グラフより N–best リストに近い特性をもつ。単語コンフュージョンネットワークの各位置で信頼度の高いものを選択することで，ベイズリスク最小化デコーディングが実現される。

1.5.3　音声認識結果の信頼度尺度

音声認識結果に信頼度が付与されていると望ましい。信頼度が低ければ，確認したり，棄却するといったことも考えられる。また，音声認識結果を用いた検索や言語処理において，重みとして利用することも考えられる。

信頼度の計算・付与は，入力発話の認識結果全体に行うこともできるし，個々の単語に行うこともできる。入力全体に行う場合は，認識結果を受理するか／棄却するかの**発話検証**（utterance verification）を行うことに相当する。また外国語の発音訓練を想定すると，個々の音素の信頼度を計算して，発音の診断

や発音誤り検出を行うことができる。しかし，最もニーズが高いのは，単語単位の信頼度である。

　信頼度尺度（confidence measure）の定義は，生成モデルに基づくものと識別モデルに基づくものに大別される。生成モデルは式 (1.1) に基づくものであり，音声認識においてはこの分子のみを計算するのに対して，分母 $P(X)$ も計算することにより信頼度尺度とするものである。ただし，分母 $P(X)$ を厳密に計算することは事実上不可能であるので，これを近似するいくつかのアプローチ・方法がある。

　識別モデルは，さまざまな特徴・素性を基に信頼度 [0–1] を求めるモデルであり，機械学習により構成する。素性として，音声認識エンジンから得られる他の候補を含む情報に加えて，音声から得られる韻律情報や雑音に関する情報，さらには言語処理や対話モデルを用いた情報などが考えられる。機械学習の教師信号は，正解（1）か誤り（0）の 2 値である。ただし，音響モデルの学習に用いたデータセットはクローズドな条件になり，実際のテスト条件よりかなり認識精度が高くなるので，ヘルドアウトする必要がある。モデルには，ロジスティック回帰モデル，条件付き確率場（CRF），ニューラルネットワークなどが用いられる。

　識別モデルのほうが高い性能が期待されるが，素性の計算を含めて処理が重くなるので，以下では一般的に用いられている生成モデルについて詳しく述べる。

　なお，入力発話の認識結果全体の受理／棄却に限定すれば，入力長や雑音モデルの尤度などを用いて簡便かつ効果的に行うことができる。また，語彙やドメインがかなり限定された場合の音声認識では，音節タイプライタモデルやディクテーションモデルを別途用いて，式 (1.1) の $P(X)$ を近似することができる。これは，入力に対する普遍的な言語モデルによる尤度と捉えることができる。また，専用の音響モデルを学習する方法もある。

　これに対して，大語彙連続音声認識の場合はこのような方法を用いることはできず，認識の過程で生成される競合仮説の情報を利用する。これは，以下のように，できるだけ多数の仮説 W から計算するものである。

$$P(X) = \sum_W P(W)P(X|W) \tag{1.19}$$

入力発話の認識結果全体に対する信頼度であれば，N–best リストを用いることで容易に計算できる。式 (1.19) の右辺の $\sum$ の中身が各候補の尤度に対応する。ただし，音声認識エンジンで計算されるのは対数尤度を改変した式 (1.11) の $f(W)$ であるので，指数関数により確率次元に変換する必要がある。本来は $\exp\{-f(W)\}$ とすべきであるが，そうすると第 2 候補以下の値がきわめて小さくなるので，スムージング係数 $(0 < \gamma \ll 1)$ を乗じて，$\exp\{-\gamma f(W)\}$ を求める。ただしこの方法では，個々の単語に関する信頼度を求めるのは容易でない。

個々の単語 w に関する信頼度は，式 (1.1) の分子として，w を含むすべての仮説の確率の合計を求める。これは単語グラフにおいて，先頭から w に至るすべての経路の尤度合計を前向きアルゴリズムで求め，w から末尾に至るすべての経路の尤度合計を後ろ向きアルゴリズムで求めることで計算できる[27]。なお分母は，式 (1.19) により N–best リストから求められるが，第 1 候補の尤度のみを用いてもよい。

なお，ニューラルネットワークによる End–to–End モデルの場合は，$P(W|X)$ が直接計算されるが，多くの場合第 1 候補が 1 に近い値になっている。

1.5.4　複数の音声認識システムの結果の統合

複数の音声認識システムを並列に動作させて，認識結果を統合することにより，認識精度が向上することが知られている。多くの計算資源を使うが，リアルタイム性を考慮しないシステムにおいては，手っ取り早く認識精度を向上させる方法である。これには，認識結果の単語列を用いる ROVER と単語コンフュージョンネットワークを統合する CNC の二つの方法がある。

〔1〕 **ROVER**[28]　　**ROVER**（recognizer output voting error reduction）では，異なるシステムから出力された認識結果の単語列のアライメントをとる。二つの場合は 1.5.1 項で述べた音声認識結果の評価を行う際と同じ処理となるが，三つ以上のシステムの結果がある場合，最も認識精度が高いと考え

られるシステムの結果から順にアライメントを行うのが適当である。その上で
各単語仮説について，最も多くのシステムが一致しているものを採用する。こ
れは複数システムによる「投票」と捉えることができる。

　システムの数が少ないと投票に意味がないので，少なくとも三つ以上，でき
るだけ多くのシステムがあることが望ましい。単純に投票するのでなく，1.5.2
項で述べた信頼度の合計を用いたり，投票数と信頼度合計の重み付き和を用い
たりすることも検討されている。

〔**2**〕　**コンフュージョンネットワーク結合（CNC）**[29]　　ROVER では各
システムの第 1 候補しか考慮していないが，**コンフュージョンネットワーク結
合**（confusion network combination, **CNC**）では，複数候補の利用を考える。
各システムの結果のアライメントがとりやすいように，単語コンフュージョン
ネットワークを用いる。各単語仮説について信頼度合計を計算して最終結果を
決定する。

　これらの方法を用いる際には以下の 2 点に注意する。まず，複数のシステム
の結果がある程度異なり，かつ認識精度が同程度であることが必要である。ベー
スラインより認識精度が大幅に低いものを集めても，誤りが多いだけで，性能
の改善は望めない。一方で，認識システムの結果に多様性をもたせるためには，
音響特徴量か音響モデルを異なる種類のものにする必要がある。

　つぎに，信頼度を用いる場合には，信頼度の分布が同様であることが必要であ
る。一般に，DNN では信頼度の大半が 1 に近い値をとるのに対して，GMM–
HMM では 0 から 1 の間で幅広く分布する傾向にある。そうすると単純に組み
合わせても，DNN の結果が優勢になる。したがって，信頼度の分布が一様に
近くなるように調整する必要がある。

　上記のように，認識システムが出力する結果の信頼度のみを用いるのでなく，
もっと多様な素性を用いて，どの認識システムの結果を採用するか機械学習す
る方法も検討されている[30]。

引用・参考文献

1） 河原達也 編著：音声認識システム（改訂 2 版），オーム社 (2016)

2） 河原達也：音声認識技術，電子情報通信学会誌，**98**, 8, pp.710–717 (2015)

3） T. Sakai and S. Doshita：The Phonetic Typewriter, Proc. IFIP Congress, **62**, pp.445–450 (1962)

4） S. Furui：Selected Topics from 40 Years of Research on Speech and Speaker Recognition, Proc. INTERSPEECH, pp.1–8 (2009)

5） 安藤彰男，今井　亨，小林彰夫，本間真一，後藤　淳，清山信正，三島　剛，小早川健，佐藤庄衛，尾上和穂，世木寛之，今井　篤，松井　淳，中村　章，田中英輝，都木徹，宮坂栄一，磯野春雄：音声認識を利用した放送用ニュース字幕制作システム，信学論，**J84–D2**, 6, pp.877–887 (2001)

6） 河原達也：議会の会議録作成のための音声認識 ―衆議院のシステムの概要―，情報処理学会研究報告，SLP–93–5 (2012)

7） 河原達也，秋田祐哉：聴覚障害者のための講演・講義の音声認識による字幕付与，日本音響学会誌，**74**, 3, pp.156–162 (2018)

8） 河原達也：音声対話システムの進化と淘汰 ―歴史と最近の技術動向―，人工知能学会誌，**28**, 1, pp.45–51 (2013)

9） 辻野孝輔，栄藤　稔，磯田佳徳，飯塚真也：実サービスにおける音声認識と自然言語インタフェース技術，人工知能学会誌，**28**, 1, pp.75–81 (2013)

10） 中村　哲：音声翻訳技術概観，電子情報通信学会誌，**98**, 8, pp.702–709 (2015)

11） A. Graves and N. Jaitly：Towards End–to–End speech recognition with recurrent neural networks, Proc. ICML (2014)

12） J. Chorowski, D. Bahdanau, D. Serdyuk, K. Cho and Y. Bengio：Attention–based models for speech recognition, Proc. NIPS (2015)

13） Y. Bengio, R. Ducharme, P. Vincent and C. Janvin：A neural probabilistic language model, Journal of Machine Learning Research, **3**, pp.1137–1155 (2003)

14） T. Mikolov, M. Karafiat, L. Burget, J. Cernocky and S. Khudanpur：Recurrent neural network based language model, Proc. INTERSPEECH, pp.1045–1048 (2010)

15） G. Hinton, L. Deng, Y. Dong, G.E. Dahl, A. Mohamed, N. Jaitly, A. Senior, V. Vanhoucke, P. Nguyen, T.N. Sainath and B. Kingsbury：Deep neural networks for acoustic modeling in speech recognition, IEEE Signal Processing Magazine, **29**, 6, pp.82–97 (2012)

16) D. Yu and L. Deng：Automatic Speech Recognition?　A Deep Learning Approach, Springer (2015)

17) O. Abdel–Hamid, A. Mohamed, H. Jiang, L. Deng, G. Penn and D. Yu：Convolutional neural networks for speech recognition, IEEE/ACM Transactions on Audio, Speech, and Language Processing, **22**, 10, pp.1533–1545 (2014)

18) T.N. Sainath, B. Kingsbury, G. Saon, H. Soltau, A. Mohamed, G. Dahl and B. Ramabhadrana：Deep convolutional neural networks for large–scale speech tasks, Neural Networks, **64**, pp.39–48 (2015)

19) M. Gales and S. Young：Application of Hidden Markov Models in Speech Recognition, now Publishers (2008)

20) L. Lee and R.C. Rose：Speaker normalization using efficient frequency warping procedures, Proc. IEEE–ICASSP, pp.353–356 (1996)

21) 李　晃伸, 河原達也, 堂下修司：単語トレリスインデックスを用いた段階的探索による 大語彙連続音声認識, 信学論, **J82–DII**, 1, pp.1–9 (1999)

22) T. Hori, C. Hori, Y. Minami and A. Nakamura：Efficient WFST–based one-pass decoding with on–the–fly hypothesis rescoring in extremely large vocabulary continuous speech recognition, IEEE Transactions on Audio, Speech, and Language Processing, **15**, 4, pp.1352–1365 (2007)

23) H. Soltau, H. Liao and H. Sak：Neural speech recognizer: acoustic–to–word LSTM model for large vocabulary speech recognition, Proc. INTER SPEECH, pp.3707–3711 (2017)

24) R. Schwartz and Y.L. Chow：The N–best algorithm: an efficient and exact procedure for finding the N most likely sentence hypotheses, Proc. IEEE–ICASSP, pp.81–84 (1990)

25) H. Ney and X. Aubert：A word graph algorithm for large vocabulary continuous speech recognition, Proc. ICSLP, pp.1355–1358 (1994)

26) L. Mangu, E. Brill and A. Stolcke：Finding consensus in speech recognition: word error minimization and other applications of confusion networks, Computer Speech and Language, **14**, 4, pp.373–400 (2000)

27) F. Wessel, K. Macherey and R. Schluter：Using word probabilities as confidence measures, Proc. IEEE–ICASSP, pp.225–228 (1998)

28) J.G. Fiscus：A Post–processing system to yield reduced word error rates: Recognizer Output Voting Error Reduction (ROVER), Proc. IEEE–ASRU,

pp.347–354 (1997)

29) G. Evermann and P. Woodland：Posterior probability decoding, confidence estimation and system combination, Proc. NIST Speech Translation Workshop (2000)

30) B. Hoffmeister, R. Schluter and H. Ney：iCNC and iROVER: the limits of improving system combination with classification?, Proc. INTER SPEECH, pp.232–235 (2008)

2章 音響モデルとその高度化

◆本章のテーマ

　本章では音声における音韻特徴を表現する音響モデルについて学ぶ。1980 年代末ごろから，音響モデルとして隠れマルコフモデル（HMM）を用いた音声認識の研究が始まり，1990 年代後半までには，その具体的な方法がほぼ確立した[1),2)]。その後，少量データを用いてシステムを特定の話者や環境に適応させる適応化，雑音に対する頑健性を高める耐雑音技術，HMM の識別性能を高めるための識別学習などの技術が開発され，徐々に HMM 音声認識は高性能になっていった。2010 年ごろからその応用研究が始まったニューラルネットワークの深層学習は，音響モデルにおいても顕著な性能改善をもたらし，ニューラルネットワークは隠れマルコフモデルに代わり主流のモデルとなった。2017 年に静かな環境下での音声認識において人間とほぼ変わらない精度を達成している。

◆本章の構成（キーワード）

2.1　音響モデル
　　　HMM，トライフォン，GMM–HMM，学習
2.2　頑健性の向上
　　　状態共有，適応化，MAP，MLLR
2.3　識別学習の利用
　　　識別モデル，MMI，MPE
2.4　ニューラルネットワーク・深層学習の利用
　　　MLP，DNN，DNN–HMM，CNN，RNN，LSTM，CTC，注意機構

2.1　音　響　モ　デ　ル

　確率的音声認識における**音響モデル**（acoustic model）の役割は，ある認識
単位 W を与えたときに，それがデータ X を生成する確率 $P(X|W)$ を計算す
ることである。データ X としては，音声分析の結果得られたメル周波数ケプス
トラム係数（MFCC，1.3.1 項参照）やその差分からなる特徴量のベクトル（特
徴ベクトル）の時系列が用いられ，認識単位 W としては，単語や音素などが用
いられる。音響モデルとしては 2010 年まではもっぱら隠れマルコフモデルが
使われてきた。

2.1.1　マルコフ過程

　いま，一つの記号 W が長さが T の記号の時系列 X を生成する確率 $P(X|W)$
を求める。ここで W としては特定の一つの単語を想定することにし，この項で
は表記を省略する。また，生成される記号の集合を $V = v_1, \ldots, v_M$ とし，時
刻 t に生成される記号を x_t とする。すると

$$P(X) = P(x_1, \ldots, x_N) = P(x_1) \prod_{t=2}^{T} P(x_t|x_1^{t-1}) \tag{2.1}$$

となる。ここで $x_1^{t-1} = x_1, \ldots, x_{t-1}$ である。時系列の長さ N が長くなればな
るほど，条件付き確率の条件となる記号列の可能な組合せの数が指数的に増大
していき，すぐに手に負えない問題となる。なんらかの近似を導入して計算量
を減らす必要がある。

　時系列のパターンでは，隣り合う時刻の記号間には強い相関がある。例えば，
日々の天気の時系列を考えたとき，もし，晴れの日がつづいたら，そのつぎの
日も晴れる可能性が高いと予想するのが自然である。しかし，記号間の時刻が
遠く離れるほどそれらの間の相関が少なくなるであろう。例えば 1 週間前の天
気は明日の天気の予測にはあまり役に立たない。

　そこで，ここでは，現在の時刻 t の記号 x_t の生成確率は，その直前の時刻の
記号 x_{t-1} にのみ依存し，それ以前の時刻の記号にはよらないと仮定する。すな

わち

$$P(X) = P(x_1) \prod_{t=2}^{T} P(x_t | x_{t-1}) \tag{2.2}$$

となる。このように記号列を生成するモデルを1階**マルコフ過程**（Markov process）と呼ぶ。

ここで，新たに S 個の状態（state）$s = 1, \ldots, S$ を考える。マルコフ過程では，おのおのの状態が一つの記号 v に対応する。すなわち，$S = M$ である。一つの状態からは一つの記号が出力され，時刻ごとに状態間の遷移をする。いま，状態 i から状態 j に遷移する確率を遷移確率と呼び，a_{ij} と表記する。ここで

$$\sum_{j=1}^{M} a_{ij} = 1$$

である。また，最初の時刻の状態が i である確率を**初期確率**と呼び，π_i と書く。

あらかじめすべての状態 i について π_i を，すべての状態 i と状態 j の組合せについて a_{ij} を定めておけば，任意の時系列の生成確率を求めることができる。

いま，**図 2.1** に示す，状態とその間の有向アークからなるグラフを考える。おのおのの記号を一つの状態に割り当て，状態 i から j への遷移に遷移確率 a_{ij} を割り当てる。このグラフはマルコフ過程を表現したもので，**状態遷移図**（state transition diagram）と呼ばれる。図 2.1 の例は，日々の天気をモデル化したも

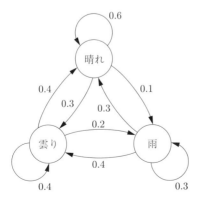

図 2.1　マルコフ過程の例

ので，状態は「晴れ」，「曇り」，「雨」であり，その間の遷移確率が記述されている。

マルコフ過程では，観測された記号列から対応する状態遷移が一意に求まることに注意されたい。また，ここでは，ある時刻 t の状態を決める際にその直前の時刻 $t-1$ の状態のみを考慮したが，そのさらに前の時刻 $t = (t-2, t-3, \ldots)$ を考慮して決めることも可能である。それらは一般に高階マルコフ過程と呼ばれ，特に2時刻前まで考慮するときは2階マルコフ過程と呼ばれる。高階のマルコフ過程は，過去の履歴に出現可能な状態列のおのおのを新たに状態として定義し直すことにより，1階マルコフ過程に帰着させることができる。

なお，ここでの時系列とは時刻ごとの記号の系列である必要はなく，1次元の順序付きの系列であればよいことに注意されたい。例えば DNA 系列も時系列とみなすことができる。

2.1.2　隠れマルコフモデル（HMM）

前項で説明したマルコフ過程ではあらかじめすべての状態（記号）の組 (i, j) について遷移確率 a_{ij} が精度よく求まっている必要があった。しかしながら，後述するように，音声認識で用いる記号の種類数は多く，そのすべての組合せについて精度よく条件付き確率を求めるのは難しい。特に，もし条件付き確率がゼロの場合が一度でも出現すると，記号列全体の確率がゼロになってしまう。これは例えば雑音下における音声認識など，記号の割当てにおいて誤りが頻繁に起きる場合には深刻な問題になる。また，すべての可能な遷移を表現しようとすると，記号が多くなるにつれモデルが複雑になる。

そこで，隠れ変数を導入したモデルを考える。マルコフ過程では，一つの状態から生成される記号は一意に定まっていたが，その制限を緩め，一つの状態から複数の記号が生成されることを許す。この場合，一般に記号の種類数は状態数とは異なる。すなわち，$K \neq M$ である。そして状態 i において記号 v_k が生成される確率を**出現確率**と呼び，$b_i(k)$ と表記する。ここで

$$\sum_{k=1}^{M} b_i(k) = 1$$

である。このように初期確率，遷移確率に加え，出現確率を用いて定義されるモデルを隠れマルコフモデル（hidden Markov model, **HMM**）と呼ぶ。図 **2.2** に隠れマルコフモデルの状態遷移図の例を示す。

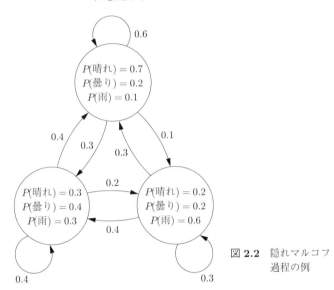

図 **2.2**　隠れマルコフ
過程の例

　隠れマルコフモデルはマルコフ過程と違い，観測された記号列から対応する状態系列が一意に定まらない。すなわち，状態系列が「隠れて」いる。これが名前の由来である。マルコフ過程に比べより少ない状態数でより多様な状態系列を生成することが可能である。一方，隠れた変数（状態系列）があるために，あるデータが訓練データとして与えられたとき，それを生成するための最も尤もらしいパラメータ（最尤推定量）を一意に決定することができない。隠れマルコフモデルのパラメータの推定方法については 2.1.5 項で述べる。

2.1.3　音声認識のための HMM

ここではある単語 W がそれに対応する音声の特徴ベクトル列 X を生成する

確率 $P(X|W)$ を隠れマルコフモデル (HMM) を用いて求める方法を説明する。

ここで，簡単のため，各時刻の特徴ベクトルは，ベクトル量子化などの離散化の手続きを経て，記号へと変換されているものとする。ここで，記号は $V = v_1, \dots, v_M$ の要素である。すなわち $X = x_1, \dots, x_T$ $(x_t \in V)$ である。特徴ベクトルを離散化せずにそのまま扱う方法については 2.1.6 項で述べる。

まず，単語 W に対する HMM の構造，すなわちいくつの状態をもつか，そしてどの状態とどの状態の間に遷移を許すか，について決めなければならない。音声認識においては，HMM の状態は，音声におけるなんらかの音韻的な特徴，より具体的には調音運動における調音器官のある時刻における位置，を表すものと考えられ，その遷移は，音韻内あるいは音韻間の遷移，より具体的には調音運動における調音器官の位置の変化，を表すものと考えられる。前に述べたとおり，状態系列は直接は観測されないので，状態の決め方には恣意性がある。

遷移の有無については，経験的に，**図 2.3** に示す **left–to–right** 型の **HMM** が用いられることが多い。この構造では，状態が一つの有向の鎖を形成し，ある状態からの遷移は自分自身への遷移（自己遷移）とそのつぎの状態に限られている。この構造の根拠としては以下の二つが考えられる。まず，音声は，大部分が調音器官の連続的な運動に基づくものであるから，状態の急激な変化，つまり自状態および隣接した状態への遷移以外の遷移は考えなくてもよい，と思われる。また，音声では順序関係が重要である。例えば音韻の順番を入れ替えると認識できない。そこで，逆戻りすることを考える必要はない。

また，状態数については，1 単語につき数十程度の数が，これも経験的に用いられることが多い。まず，音声のフレーム長として 10 ms 程度がよく用いられる。

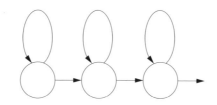

図 2.3　3 状態の left–to–right 型の HMM

また，発声における音素の継続時間長は通常 30 ms 以上である。left–to–right 型の HMM では状態数が n だったときに，状態遷移が左から右に通過するのに最低 n 個のフレームの入力があればよい。それ以上の場合は自己遷移で余分を吸収できる。そこで，音素に対応する最小のフレーム数は 30 を 10 で割った 3 だから，単語については，単語中の音素数の 3 倍程度を用意すればよい。

2.1.4　HMM による音声認識

つぎに単語 W に対応する状態数 S の HMM が入力記号列 $X = x_1, \ldots, x_T$ を生成する確率 $P(X|W)$ を求める方法を説明する。いま，この入力記号列を生成する状態系列を一般に $\boldsymbol{q} = q_1, \ldots, q_T$ と書くことにする。ここで q_t は状態 $1, \ldots, S$ のどれかである。X を生成しうる状態系列の集合を Q とし，Q に属する状態系列 $\boldsymbol{q}$ のおのおのについてそれが X を生成する確率 $P_{\boldsymbol{q}}(X|W)$ を求める。そして集合 Q 内のすべての $\boldsymbol{q}$ について和をとることにより $P(X|W)$ を求める。すなわち

$$P(X|W) = \sum_{\boldsymbol{q} \in Q} P_{\boldsymbol{q}}(X|W) \tag{2.3}$$

ここで，ある X を生成可能な状態系列の数，すなわち Q の要素数が，X の長さの増加に対し指数的に増加するため，すぐに手に負えない問題になる。この問題を解決するため，HMM の構造を利用した分枝限定法である，**前向き**（forward）**アルゴリズム**を用いる。

いま，簡単のため HMM は left–to–right 型の構造をもつと仮定し，その状態を左から $s = 1, \ldots, S$ とする。そして，入力記号列 X を横軸に，HMM の状態列 S を縦軸にとった平面を考える（**図 2.4**）。この平面は DP 平面と呼ばれる。すると，X を生成する $\boldsymbol{q}$ のおのおのは，この DP 平面において $(s = 1, t = 1)$ を起点とし，$(s = S, t = T)$ を終点とする一つの経路で表すことができる。さまざまな経路がありうるが，それらのおのおのは必ず格子点 (s, t) を通るため，経路の集合 Q は $(1, 1)$ を起点とし，(S, T) を終点とした編み目になる。この DP 平面上における経路集合の表現を**トレリス**と呼ぶ。

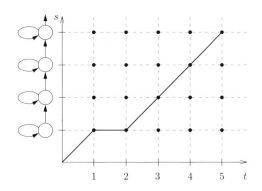

図 **2.4**　前向きアルゴリ
ズムの概念図

いま，前向き確率 $\alpha_t(s)$ を導入する。ここで $\alpha_t(s)$ は部分的な特徴ベクトル
時系列 $x_1, \ldots, x_t$ を生成するすべての状態系列のうち，$q_t = s$ となるものにつ
いて，その生成確率の和をとったものとして定義される。平面上で最も右上の
点における前向き確率 $\alpha_S(T)$ が求めたい $P(X|W)$ である。これを $t = 1$ から
順番に前向き確率を計算していくことで求める。

まず，$t = 1$ については，状態 $s = 1$ であるから

$$\alpha_1(1) = b_1(x_1) \tag{2.4}$$

である。また

$$\alpha_{t+1}(s) = \left\{ \sum_{i=1}^{S} \alpha_t(i)a_{i,s} \right\} b_s(x_{t+1}) \tag{2.5}$$

と書くことができる。ここで注意すべきは，left–to–right 型の HMM の場合は，
ある状態に至る遷移は，その直前の状態からの遷移とその状態自身からの遷移
の 2 通りに限られることである。すなわち

$$\alpha_{t+1}(s) = \{\alpha_t(s-1)a_{s-1,s} + \alpha_t(s)a_{s,s}\}b_s(x_{t+1}) \tag{2.6}$$

である。図 2.4 において，$(t = 1, s = 1)$ の点から，右上に向かって順番にこの
式に従って各点 (t, s) の前向き確率 $\alpha_t(s)$ を順番に求めていくことにより，最
終的に $\alpha_T(S) = P(X|W)$ を求めることができる。

おのおのの経路について生成確率を計算して，それらの和をとる方法に比べ大

幅に計算量が削減できていることが容易にわかる。各経路における生成確率は

$$b_1(x_1)a_{q_1,q_2}b_2(x_2)\cdots b_{T-1}(x_{T-1})a_{q_{T-1},q_T}b_S(x_T)$$

と経路に沿った遷移確率と出現確率の積であり、それをすべての経路について和をとる必要がある。つまり積をとってから和をとる。一方、前向きアルゴリズムではこの演算を和をとって積をとる演算に転換する。より端的には、$ac+bc$という演算を $(a+b)c$ と置き換えている。演算数は前者は乗算 2 回と加算 1 回の計 3 回、後者は加算 1 回と乗算 1 回の計 2 回で、計算量の削減になっている。

前向きアルゴリズムではすべての可能な経路について和をとった。それに対し、**ビタービ**（Viterbi）**アルゴリズム**では、すべての可能な経路のうち生成確率が最大である経路を一つ選択する。その計算でもやはり分枝限定法を用いる。ただし、前向き確率 α の代わりに

$$\delta_{t+1}(s) = \left\{ \max_{i=1,\ldots,S} \delta_t(i)a_{i,s} \right\} b_s(x_{t+1}) \tag{2.7}$$

を計算する。ビタービアルゴリズムが与える確率 $\delta_T(S)$ は前向きアルゴリズムが与える生成確率 $P(X|W)$ とは異なる。しかしながら、実際の音声認識の実装ではしばしば用いられる。

なお、ここでは簡単のため left–to–right 型の HMM について説明したが、一般の HMM への拡張は容易である。

2.1.5　HMM の学習

〔1〕　**Baum–Welch アルゴリズム**　　あらかじめ用意された学習データから、HMM のパラメータ、初期確率 π、遷移確率 a、出現確率 b を推定する方法を説明する。ここで、これらのパラメータをまとめて $\lambda = \{\pi, a, b\}$ と表記する。また、ここでの学習データとは、音声の記号列とそのラベルのペアの集合である。ここでは前項と同様、単語の HMM を扱うので、ラベルは単語となる。

データ X が入力されたとき、生成確率 $P(X|\lambda)$ を最大にするパラメータを求めたい。ここで単語 W は、説明を見やすくするため省略する。状態系列 q が

観測できないため，直接的に最尤推定を行い，全局的な最適解を求めることができない。ここでは，まず，状態系列 q が観測可能であると仮定したときの，X と q の同時確率 $P(X, q|\lambda)$ の対数 $\log P(X, q|\lambda)$ を計算し，その可能な q すべてについての期待値を求め，それを最大化するパラメータを求める，という戦略をとる。この期待値は Q 関数と呼ばれ，以下で定義される。

$$Q(\lambda', \lambda) = \sum_q P(X, q|\lambda') \log P(X, q|\lambda) \tag{2.8}$$

ここで，λ' は現在のパラメータ，λ はこれから求めるパラメータである。

そして，与えられたパラメータ λ' から期待値計算（expectation），すなわち Q 関数を求める手続きと，Q 関数を最大化するパラメータ λ を求める手続き（maximization）を交互に行う。

このアルゴリズムは **EM アルゴリズム**（expectation–maximization algorithm）と呼ばれる。このアルゴリズムは収束が保証され，最尤推定における局所的な最適解が得られる。すなわち，繰返しの都度，必ず $P(X|\lambda)$ が $P(X|\lambda')$ と等しいか，あるいはそれよりも大きくなることが保証されている。なお，HMM に対し用いられる EM アルゴリズムのことを特に **Baum–Welch アルゴリズ**ムと呼ぶ。

〔2〕 期待値計算　より具体的な計算をしてみよう。まず，最初に適当にパラメータ λ' を与え，Q 関数を計算する。ある状態系列 q における同時確率 $P(X, q|\lambda)$ は

$$P(X, q|\lambda) = \pi_{q_1} b_{q_1}(x_1) \prod_{t=2}^{T} a_{q_{t-1}q_t} b_{q_t}(x_t) \tag{2.9}$$

と書け，対数をとると

$$\log P(X, q|\lambda) = \log \pi_{q_1} + \sum_{t=2}^{T} \log a_{q_{t-1}q_t} + \sum_{t=1}^{T} \log b_{q_t}(x_t) \tag{2.10}$$

となる。ここで，初期確率，遷移確率，出現確率の3種類の確率に関する項の和の形になっているので，それぞれ別々に期待値を求めることが可能である。そこで，Q 関数を以下のように分解して書くことにする。

$$Q(\lambda', \lambda) = Q_{\boldsymbol{\pi}}(\lambda', \boldsymbol{\pi}) + \sum_{i=1}^{S} Q_{\boldsymbol{a}_i}(\lambda', \boldsymbol{a}_i) + \sum_{i=1}^{S} Q_{\boldsymbol{b}_i}(\lambda', \boldsymbol{b}_i) \qquad (2.11)$$

ここで，$\boldsymbol{\pi} = \pi_1, \ldots, \pi_S$，$\boldsymbol{a}_i = a_{i1}, \ldots, a_{iS}$ であり，$\boldsymbol{b}_i$ は $b_i(\cdot)$ のパラメータ
である。

これらの Q 関数を計算するためには，すべての経路 Q について式 (2.10) を
計算し，経路数で除すればよいが計算のコストが大きい。そこで，以下のよう
に Q 関数を記述してみる。

$$\begin{aligned}
Q_{\boldsymbol{\pi}}(\lambda', \boldsymbol{\pi}) &= \sum_{i=1}^{S} P(X, q_1 = i | \lambda') \log \pi_i \\
&= \sum_{i=1}^{S} \gamma_1(i) \log \pi_i \qquad (2.12)
\end{aligned}$$

$$\begin{aligned}
Q_{\boldsymbol{a}_i}(\lambda', \boldsymbol{a}_i) &= \sum_{j=1}^{S} \sum_{t=1}^{T} P(X, q_{t-1} = i, q_t = j | \lambda') \log a_{ij} \\
&= \sum_{j=1}^{S} \sum_{t=1}^{T} \xi_{t-1}(i, j) \log a_{ij} \qquad (2.13)
\end{aligned}$$

$$\begin{aligned}
Q_{\boldsymbol{b}_i}(\lambda', \boldsymbol{b}_i) &= \sum_{t=1}^{T} P(X, q_t = i | \lambda') \log b_i(x_t) \\
&= \sum_{t=1}^{T} \gamma_t(i) \log b_i(x_t) \qquad (2.14)
\end{aligned}$$

ここで，新たに

$$\gamma_t(i) = P(X, q_t = i | \lambda')$$
$$\xi_t(i, j) = P(X, q_{t-1} = i, q_t = j | \lambda')$$

を定義した。$\gamma_t(i)$ は，経路がある時刻 t において状態 i に存在した事後確率で，
$\xi_t(i, j)$ は，経路が時刻 $t-1$ に状態 i にあり，かつ時刻 t に状態 j へと遷移し
た事後確率である。それぞれ

$$\sum_{i=1}^{S} \gamma_t(i) = 1$$

$$\sum_{i=1}^{S}\sum_{j=1}^{S}\xi_t(i,j)=1$$

であり，また

$$\sum_i \xi_t(i,j)=\gamma_t(j)$$

である。

これら2種類の事後確率は，**前向き・後ろ向き**（forward–backward）**アルゴ**リズムにより効率的に求めることができる。まず，2.1.4 項で述べた前向き確率と反対方向に計算をしていく後ろ向き確率 $\beta_t(s)$ を以下のように定義する。

$$\beta_T(i)=1 \qquad (i=1,\ldots,S) \tag{2.15}$$

$$\beta_t(i)=\sum_{j=1}^{S}a_{ij}b_j(x_{t+1})\beta_{t+1}(j)$$

$$(t=T-1,\ldots,1,\ i=1,\ldots,S) \tag{2.16}$$

前向き確率と違い，時刻 t における出現確率 $b_i(x_t)$ は含んでいない。

前向き確率と後ろ向き確率を用いると，二つの事後確率 $\gamma_t(i),\xi_t(i,j)$ は以下のように計算できる。

$$\gamma_t(i)=P(q_t=i|X,\lambda')=\frac{P(X,q_t=i|\lambda')}{\displaystyle\sum_{j=1}^{S}P(X,q_t=j|\lambda')}$$

$$=\frac{\alpha_t(i)\beta_t(i)}{\displaystyle\sum_{j=1}^{S}\alpha_t(j)\beta_t(j)} \tag{2.17}$$

$$\xi_t(i,j)=P(q_t=i,q_{t+1}=j|X,\lambda')=\frac{P(q_t=i,q_{t+1}=j,X|\lambda')}{P(X|\lambda')}$$

$$=\frac{\alpha_t(i)a_{ij}b_j(o_{t+1})\beta_{t+1}(j)}{\displaystyle\sum_{i=1}^{S}\sum_{j=1}^{S}\alpha_t(i)a_{ij}b_j(o_{t+1})\beta_{t+1}(j)} \tag{2.18}$$

これで Q 関数が計算できたことになる。

〔**3**〕　**最大化**　つぎに Q 関数を最大化するパラメータ λ を推定する。$Q_{\boldsymbol{\pi}}(\lambda', \boldsymbol{\pi})$ を最大化する $\boldsymbol{\pi}$，$Q_{\boldsymbol{a}_i}(\lambda', \boldsymbol{a}_i)$ を最大化する $\boldsymbol{a}_i$，$Q_{\boldsymbol{b}_i}(\lambda', \boldsymbol{b}_i)$ を最大化する $\boldsymbol{b}_i$ を別々に求めればよい。

ここで，これらが確率であることから，以下の制約条件を課す。

$$\sum_{j=1}^{S} \pi_j = 1, \quad \sum_{j=1}^{S} a_{ij} = 1 \quad \forall i, \quad \sum_{k=1}^{M} b_i(k) = 1 \quad \forall i$$

ラグランジェの未定乗数法を用いることにより，以下のように求めることができる。

$$\bar{\pi}_i = \gamma_1(i) \tag{2.19}$$

$$\bar{a}_{ij} = \frac{\sum_{t=1}^{T} \xi_{t-1}(i,j)}{\sum_{t=1}^{T} \gamma_{t-1}(i)} \tag{2.20}$$

$$\bar{b}_i(k) = \frac{\sum_{t=1}^{T} \gamma_t(i)}{\sum_{t=1}^{T} \delta(x_t, v_k)\gamma_t(i)} \tag{2.21}$$

ここで，$\delta(a,b)$ は $a = b$ のとき 1，それ以外のときは 0 をとる関数である。

このように新しいパラメータ λ が求まったら，それを λ' とし，また期待値計算をし，そしその結果を用いて新しいパラメータを求める手続きを繰り返す。Q 関数の増分があらかじめ定められた閾値以下になったら更新手続きを停止する。

2.1.6　連続密度 HMM

ここまでの例では，特徴量が記号である場合について説明してきた。その場合，HMM の出力確率は離散分布である。この種の HMM を特に**離散 HMM** (discrete HMM, **DHMM**) と呼ぶ。特徴量を記号に変換する場合，量子化誤差が避けられない。そこで，実数の入力特徴ベクトルをそのまま入力とする HMM

を考える。その場合，HMM の出力確率分布は連続密度分布となり，連続密度
分布を出力確率分布としてもつ HMM を**連続密度 HMM**（continuous density
HMM, **CDHMM**）と呼ぶ。連続密度 HMM において確率密度分布として最も
よく用いられるのは，以下の**混合正規分布**（Gaussian mixture model, **GMM**）
である。

$$b_j(\boldsymbol{x}) = \sum_{k=1}^{M} c_{jk} \mathcal{N}(\boldsymbol{x}|\boldsymbol{\mu}_{jk}, \boldsymbol{\Sigma}_{jk}),$$

$$\mathcal{N}(\boldsymbol{x}|\boldsymbol{\mu}_{jk}, \boldsymbol{\Sigma}_{jk}) = \frac{1}{(2\pi)^{n/2}|\boldsymbol{\Sigma}_{jk}|^{1/2}}(\boldsymbol{x}_t - \boldsymbol{\mu}_{jk})^{\top} \boldsymbol{\Sigma}_{jk}^{-1}(\boldsymbol{x}_t - \boldsymbol{\mu}_{jk})$$

$$(2.22)$$

ここで，M は混合成分数，$\boldsymbol{\mu}_{jk}$ は状態 j の k 番目の混合成分の平均ベクトル
(mean vector)，$\boldsymbol{\Sigma}_{ik}$ は状態 j の第 k 成分分布の共分散行列（covariance matrix）
である。$\top$ は転置を表す。また，c_{jk} は重み係数（weight coefficient）であり，
以下の制約がある。

$$\sum_{k=1}^{M} c_{jk} = 1 \qquad (j = 1, \ldots, S)$$

これらのパラメータも，他のパラメータと同様，EM アルゴリズムを用いて
以下のように推定される。

$$\bar{c}_{jk} = \frac{\displaystyle\sum_{t=1}^{T} \gamma_t(j,k)}{\displaystyle\sum_{t=1}^{T}\sum_{k=1}^{m} \gamma_t(j,k)} \qquad (2.23)$$

$$\bar{\boldsymbol{\mu}}_{jk} = \frac{\displaystyle\sum_{t=1}^{T} \gamma_t(j,k)\boldsymbol{o}_t}{\displaystyle\sum_{t=1}^{T} \gamma_t(j,k)} \qquad (2.24)$$

$$\bar{\boldsymbol{\Sigma}}_{jk} = \frac{\displaystyle\sum_{t=1}^{T} \gamma_t(j,k)(\boldsymbol{o}_t - \boldsymbol{\mu}_{jk})(\boldsymbol{o}_t - \boldsymbol{\mu}_{jk})^{\top}}{\displaystyle\sum_{t=1}^{T} \gamma_t(j,k)} \tag{2.25}$$

ここで

$$\gamma_t(j,k) = \gamma_t(j)\frac{c_{jk}\mathcal{N}(\boldsymbol{o}_t|\boldsymbol{\mu}_{jk}, \boldsymbol{\Sigma}_{jk})}{\displaystyle\sum_{m=1}^{M} c_{jm}\mathcal{N}(\boldsymbol{o}_t|\boldsymbol{\mu}_{jm}, \boldsymbol{\Sigma}_{jm})} \tag{2.26}$$

である。

このような混合正規分布に基づく連続密度 HMM のことを特に **GMM–HMM** と呼ぶ。GMM–HMM の様子を**図 2.5** に示す。

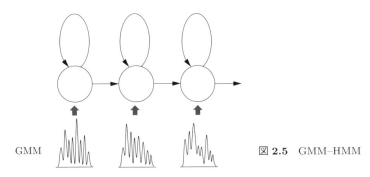

GMM

図 **2.5**　GMM–HMM

なお，離散 HMM と連続密度 HMM の中間的な存在として，**半連続 HMM** (semi–continuous HMM, **SCHMM**) がある。これは，すべての混合成分の正規分布を全状態間で共有し，おのおのの分布の平均と分散は全状態で同一で，その重み係数が状態ごとに異なる連続密度 HMM である。離散 HMM において，おのおののコードの出現確率がコードベクトルを平均にもつ多次元正規分布に従うと仮定したものと見ることもできる。連続密度 HMM に比べてより少量のデータ量で学習が可能だが，データ量が十分にある場合には，連続密度 HMM より性能が低いため，現在ではあまり使われていない。

2.1.7　サブワード単位

前項まで説明した単語を単位とした音声認識では，おのおのの単語について一つの HMM を用意していた。語彙数に制限を付けない大語彙認識を行う場合，例えば日本語だと 3 万単語程度の語彙を用意することが実用上は必要である。すべての単語 HMM の学習には，すべての単語について十分な量の学習用発声が必要となるが，その収集コストは多大である。単語は，音節や音素などのより小さい単位から構成されている。これらの単語より小さい単位を一般に**サブワード単位**と呼ぶ。サブワード単位ごとに HMM を用意し，それを連結して単語 HMM を構成することで，すべての単語について HMM を用意することが容易になる。

サブワード単位としては音素が用いられることが多い。2.1.3 項で述べたように，音声フレーム間隔として 10 ms がよく用いられ，音素の最小の継続時間長が 30 ms 程度なので，3 状態の left–to–right 型の HMM が音素 HMM としてしばしば用いられる。例えば日本語であれば 40～60 程度の数の音素ですべての単語を記述することが可能になる。しかし，音声の発声は調音器官の連続的な運動によるものであるから，音素の音響的性質はその前後の音素の影響を受けて変化する。この現象は**調音結合**と呼ばれる。この調音結合に対処するために，前後の音素の影響を考慮した，文脈依存音素単位がしばしば用いられる。文脈依存音素単位としては，前後の音素を考慮した**トライフォン**がよく用いられる。例えば，minasama という単語の最初の a は/n–a+a/，つぎの a は/s–a+m/という表記をもつ別の単位となる。トライフォンの種類数は，実際には出現しない組合せを除くと，一般には数千～数万であり，例えば日本語では多くの場合 4 000～8 000 である。**図 2.6** にその例を示す。

/#–a+s/　　/a–s+a/　　/s–a+h/　　/a–h+i/　　/h–i+#/

図 2.6　単語 asahi を構成するトライフォン

2.2 頑健性の向上

2.2.1 状態共有

トライフォンの種類は数千〜数万であるが,その中には出現頻度が著しく低く,学習データ中にほとんど出現しないものが多い。ほとんど出現しないトライフォンに対するモデルパラメータはデータ不足で十分に学習されず,そのため認識性能が低くなる。この問題に対処するために,類似したトライフォンをクラスタリングし,その HMM パラメータを共有することがよく行われる。実際は,HMM 自体ではなく,その状態をクラスタリングしてパラメータを共有する**状態共有**がもっぱら行われ,そのクラスタリングには音素文脈決定木がしばしば用いられる。音素文脈決定木を用いた状態クラスタリングでは,中心音素の同じトライフォンすべてについて,その left–to–right 型の HMM の 1 状態目の集合,2 状態目の集合,3 状態目の集合をつくり,それぞれ別々に状態集合を分割(状態分割)していくことでクラスタリングを行う。状態分割の手順を以下に説明する(図 **2.7**)。

まず,あらかじめ音素文脈に関する yes/no で答えられる質問を複数(数十〜数百程度)用意しておく。質問は例えば「左の音素は母音か」,「右の音素は破

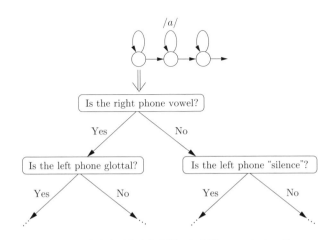

図 **2.7** 音素文脈決定木を用いた状態クラスタリング

裂音か」などである。最初は，同じ中心音素をもつすべてのトライフォンの集合をルートノードとし，最初の分割の対象とする。つぎに，ノードの要素のトライフォンおのおのに対してある音素文脈に関する質問を行い，その質問に対する答えが「yes」であるトライフォンの集合と「no」であるトライフォンの集合の二つに分割する。そして分割後の尤度の増分を計算する。すべての質問に対し，この手続きを繰り返し，最も分割後の尤度の増分が大きくなる質問を選択する。選択された質問による分割後の二つの集合おのおのに対しノードを割り当て，それらのノードに対し上に述べたものと同様の手続きを行う。このようにルートノードから出発し，ノードの2分割を繰り返すことで2分木を作成していく。最後に，尤度の増分があらかじめ決められた閾値より小さくなった時点で分割を停止する。

2.2.2 適 応 化

〔1〕 話者適応化　　音声認識の応用では，多くの場合，誰の声でも認識できる不特定話者認識が好まれる。しかし，一般に，事前に十分な量の発声の登録が必要な特定話者認識のほうが認識性能は高い。そこで，使用者の少量の発声で音響モデルをその特定話者の特徴に近づけ認識性能を向上させる**話者適応化**（speaker adaptation）の技術が開発されてきた。

話者適応化は，発声テキストが既知の教師あり適応化と，発声テキストが未知の教師なし適応化に分けられる。教師あり適応化では，発声テキストを用いたHMMのパラメータ学習が行われる。推定すべき自由パラメータの数を制限したり，なんらかの事前知識を活用したりすることで，少量の発声で安定した学習を可能にしている。教師なし適応化では，不特定話者認識の音声認識の性能がある程度高いことを前提とし，不特定話者認識の音響モデルを用いていったん音声認識を行い，その結果得られた発声テキストを用いた教師あり適応が行われることが多い。

なお，ここで説明する方法は，話者の違いに対する適応以外にも，例えば周囲の雑音環境の違いに対する適応にも用いることができる。

　以下，HMM を用いた音声認識のための代表的な教師あり話者適応化手法として，事後確率最大化法と最尤線形回帰法の二つを解説する。

〔2〕　**事後確率最大化法**　　事後確率最大化（maximum a posteriori, **MAP**）法[3]では，モデルのパラメータ自体がなんらかの確率分布に従った確率変数であるとみなす。そして，データを観測する前のその分布（事前確率分布）を主観に基づき設定する。そして，データを観測した後の確率分布（事後確率分布）を最大にするパラメータを推定し，それを新しいパラメータとする。

　最初に，最も簡単な，データが 1 次元の正規分布 $f(x|\mu, \sigma^2)$ に従う場合について考える。

$$f(x|\mu, \sigma^2) = \mathcal{N}(x|\mu, \sigma^2) = \frac{1}{\sqrt{2\pi\sigma^2}} \exp\left\{-\frac{(x-\mu)^2}{2\sigma^2}\right\} \tag{2.27}$$

ここで，分散 σ^2 を既知とし，平均ベクトル μ のみを適応する方法について述べる。

　いま，観測された n サンプルの特徴量を $X = x_1, \ldots, x_N$ としたとき，尤度関数は以下になる。

$$f(x|\mu) = \prod_{n=1}^{N} f(x_n|\mu) \propto \exp\left\{-\sum_{n=1}^{N}(x_n - \mu)^2\right\} \tag{2.28}$$

したがって，尤度関数を最大にする平均 μ の最尤推定量 $\tilde{\mu}$ は

$$\tilde{\mu} = \frac{\sum_{i=1}^{N} x_i}{N} \tag{2.29}$$

となる。

　正規分布の平均の事前分布として正規分布を用いることが多い，そのようにすると事後確率分布も正規分布となり，事後確率を最大にする平均を解析的に求めることができるからである。そこで，平均 μ の事前分布 $g(\mu)$ を以下のように定める。

$$g(\mu) = \mathcal{N}(\mu|\mu_0, \sigma_0^2) = \frac{1}{\sqrt{2\pi\sigma_0^2}} \exp\left\{-\frac{(\mu - \mu_0)^2}{2\sigma_0^2}\right\} \tag{2.30}$$

ここで，μ_0, σ_0^2 はそれぞれ事前分布の平均と分散である。

データ X を観測した後の，μ の事後分布 $g(\mu|X)$ は，ベイズの定理により

$$g(\mu|X) \propto f(X|\mu)g(\mu)$$

と書ける。最尤推定では $f(X|\mu)$ を最大にする μ を求めるのに対し，事後確率最大化推定では，この $g(\mu|X)$ を最大にする μ を求める。この式に式 (2.28)，(2.30) を代入すると

$$g(\mu|X) \propto \exp\left\{ -\frac{\sum_{i=1}^{N}(x_i - \mu)^2}{2\sigma^2} - \frac{(\mu - \mu_0)^2}{2\sigma_0^2} \right\}$$

となる。ここで定数項は省略した。ここで，$\tau = \sigma^2/\sigma_0^2$ と置くと，定式は

$$g(\mu|X) \propto \exp\left\{ -\frac{1}{2\sigma^2}(N + \tau)\mu^2 - 2\left(\sum_{i=1}^{N} x_i + \tau\mu_0\right)\mu \right.$$
$$\left. + \sum_{i=1}^{N} x_i + \tau\mu_0^2 \right\}$$

となり，簡単な計算の結果，この $g(\mu|X)$ を最大にする事後確率最大化（MAP）推定量 $\hat{\mu}$ は以下のようになる。

$$\hat{\mu} = \frac{\sum_{i=1}^{N} x_i + \tau\mu_0}{n + \tau} = \frac{N}{N + \tau}\tilde{\mu} + \frac{\tau}{N + \tau}\mu_0 \tag{2.31}$$

ここでは σ^2 を既知としたが，現実の応用では平均が未知で分散のみが既知ということはほとんどないので，多くの場合 τ は制御パラメータとして用いられ，経験的に決められる。

式 (2.31) から，MAP 推定量は最尤推定量と事前分布の対応するパラメータの値を内挿したものであることがわかる。学習データが存在しないとき，MAP 推定量は，事前分布のパラメータと一致する。そして，学習データが増えるに

つれ，MAP 推定量は最尤推定量に漸近的に近づく。また，事前分布の分散が小さいほど，事前分布の平均に対する重みが大きくなる。これらの性質により，最尤推定量に比べ，データが少なくても安定してパラメータを推定することができる。

つぎに連続密度 HMM に対する MAP 推定を用いた適応化について考える。2.1.5 項で述べた HMM 学習の場合と同様，大局的な最適解を求めることができず，EM アルゴリズムを用いて推定をする。パラメータを一般に λ としたとき，MAP 推定に用いる補助関数 $R(\lambda, \lambda')$ は以下の形になる。

$$R(\lambda', \lambda) = Q(\lambda', \lambda) + \log G(\lambda) \tag{2.32}$$

ここで，$G(\lambda)$ はパラメータ λ の事前分布である。

連続密度 HMM においては，そのパラメータのうち，混合正規分布における各成分分布の平均ベクトルの適応化が最も効果が大きいことが経験的に知られている。そこで，ここでも平均ベクトルの適応化について述べる。まず，すべてのパラメータの事前分布が独立であると仮定する。すると，データ $\boldsymbol{X} = \boldsymbol{x}_1, \ldots, \boldsymbol{x}_T$ が与えられたとき，ある状態 i の k 番目の混合成分の平均ベクトル $\boldsymbol{\mu}_{ik}$ の MAP 推定量は以下の式で求められる。

$$\hat{\boldsymbol{\mu}}_{ik} = \frac{\tau_{ik}\boldsymbol{\mu}_{0ik} + \sum_{t=1}^{T}\gamma_t(i,k)\boldsymbol{x}_t}{\tau_{ik} + \sum_{t=1}^{T}\gamma_t(i,k)} \tag{2.33}$$

ここで，$\boldsymbol{\mu}_{0ik}$ は事前分布の平均ベクトル，τ_{jk} は制御パラメータである。$\gamma_t(i,k)$ は，EM アルゴリズムの期待値計算で得られる，時刻 t において経路が状態 i の混合成分 k に存在する事後確率である（詳しくは 2.1.6 項を参照）。この式が式 (2.31) とほぼ同じ形であることがわかる。

〔3〕 最尤線形回帰法　　最尤線形回帰（maximum likelihood linear regression, **MLLR**）法[4] は，推定すべき自由パラメータを制限することで，少ないデータ量でも安定した学習を実現する方法である。多くの場合，混合正規

分布（GMM）の平均ベクトルを適応の対象とする。そして、特徴量空間における平均ベクトルの話者間のマッピング（写像）が、アフィン変換に従うと仮定する（なお、これはあくまでも仮定であり、実際にはそのような簡単な変換に従うわけではないことに注意する）。すなわち、d 次元の平均ベクトル $\boldsymbol{\mu}$ は以下の式に従い変換される。

$$\hat{\boldsymbol{\mu}} = \boldsymbol{A}\boldsymbol{\mu} + \boldsymbol{b} \tag{2.34}$$

ここで、$\boldsymbol{A}$ は $d \times d$ の正方行列、$\boldsymbol{b}$ は d 次元のベクトルである。すべての状態のすべての分布の平均ベクトルの変換において同じ $\boldsymbol{a}$ と $\boldsymbol{b}$ が共有され、これらは学習データを用いた最尤推定により求められる。推定すべきパラメータ数は $d(d+1)$ であり、平均ベクトルをそのまま学習する場合に比べはるかに自由パラメータ数が少ない。

共分散 $\boldsymbol{\Sigma}$ に対する最尤線形回帰法には制約付きと制約なしの 2 種類がある。制約付き最尤線形回帰法[5] では、特徴ベクトル空間全体が上述のアフィン変換により変換されると考える。その場合は、分散 $\boldsymbol{\Sigma}$ は

$$\hat{\boldsymbol{\Sigma}} = \boldsymbol{A}\boldsymbol{\Sigma}\boldsymbol{A}^{\top} \tag{2.35}$$

と変換される。自由パラメータは平均ベクトルのみの場合と同じで、$\boldsymbol{A}$ と $\boldsymbol{b}$ が尤度が最大になるように求められる。一方、制約なし最尤線形回帰法[6] では、共分散は平均と独立の写像をもつと仮定し、そのパラメータを推定する。

2.3 識別学習の利用

隠れマルコフモデルは単語列 W を与えたときの時系列データ X を生成する確率 $P(X|W)$ を与える生成モデルである。そのパラメータは、通常は 2.1.5 項で説明した、最尤基準を用いて学習される。一方、音声認識においては、時系列データ X を与えたときに最も確率の大きい単語列 W を求めたい。すなわち、$P(W|X)$ を与える識別モデルが望ましい。ベイズの定理により

$$P(W|X) = \frac{P(X|W)P(W)}{P(X)} \tag{2.36}$$

となる。ここで，$P(X)$ はどの単語列についても共通であるから，言語モデル $P(W)$ を与えれば，最尤基準で求めた単語列が $P(W|X)$ を最大にするはずである。

しかしながら，実用では語彙サイズが限られている。いま，式 (2.36) の分母を以下のように陽に書き下してみる。

$$P(W|X) = \frac{P(X|W)P(W)}{\sum_{W'} P(X|W')P(W')} \tag{2.37}$$

ここで，他の単語列が出ないように，つまり分子を大きくするだけでなく分母を小さくするように学習することで，認識性能が向上すると期待される。これが**識別学習**である。分母の和を厳密に計算することは現実には困難なので，なんらかの近似が用いられる。多くの場合，正解文字列以外で最も $P(X|W')P(W')$ を大きくする文字列 W' についての $P(X|W')P(W')$ が，和の代わりに用いられる。識別学習にはさまざまな種類があるが，ここでは，**相互情報量最大化**（maximum mutual information，**MMI**）**基準に基づく学習**と，**音素誤り率最小化**（minimum phone error，**MPE**）**基準に基づく学習**について述べる。

MMI 学習では以下の相互情報量が最大化されるように学習が行われる。

$$I(X,W) = \mathcal{E}_{X,W} \frac{P(W,X)}{P(W)P(X)} = \mathcal{E}_{X,W} \frac{P(X|W)}{\sum_{W'} P(X|W')P(W')} \tag{2.38}$$

この式と式 (2.37) との違いは分子の $P(W)$ の有無だけで，ほぼ同じ答えを与える。MPE 学習では，以下の式に基づき，音素の誤り率を最小にするように，すなわち以下の $M(W,X)$ を最大化するように，学習が行われる。

$$M(W,X) = \sum_{W'} \frac{P(X|W')P(W')\mathrm{Acc}(W,W')}{P(X|W')P(W')} \tag{2.39}$$

ここで，$\mathrm{Acc}(W,W')$ は単語 W と W' のマッチングにおける音素正解率である。

2.4　ニューラルネットワーク・深層学習の利用

2010 年ごろから，音声や画像の認識においてニューラルネットワークを用い
た方法が，HMM を用いた方法より優れた性能をもつことが示され，盛んに研
究されるようになった[7),8)]。従来に比べはるかに多くの層数のネットワークが
用いられることから，その学習方法，あるいはその認識の枠組み全体を**深層学
習**（deep learning）と呼ぶ。ニューラルネットワークを用いた音声認識自体は
1980 年代末から研究がつづけられており，深層学習における方式も 2010 年以
前に開発されたものが多い。

2.4.1　ニューラルネットワーク

ニューラルネットワークにはさまざまな種類があるが，音声認識で多く用い
られているのは，**多層パーセプトロン**（multi–layer perceptron，**MLP**）と呼
ばれる種類である。これは，入力層と出力層，それとその間に隠れ層をもち，隠
れ層は一般に複数ある。入力層，隠れ層，出力層と順番に並んでいる。各層は
複数のノードからなり同一層のノード間には接続はなく，入力層から出力層の
方向に向け，隣接する層のノード間に接続がある。図 **2.8** に例を示す。

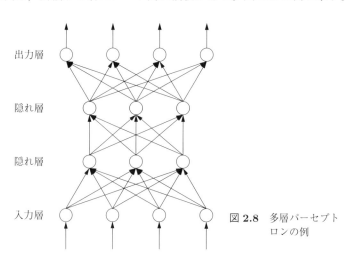

出力層

隠れ層

隠れ層

入力層

図 **2.8**　多層パーセプト
ロンの例

　MLP は多くの場合，入力を複数のカテゴリに分類するための識別手法とし
て用いられる。入力層のノード数は入力の特徴ベクトルの次元数と等しい。出
力層のノード数はカテゴリ数と等しく，出力層からの出力は 0 から 1 の間の値
をとり，最も出力値の大きいノードに対応するカテゴリが認識結果となる。

　ある層のノード n 個からの入力 $x_1, \ldots, x_n$ から，その上の層のあるノード j
への出力 y_j は以下のように計算される。

$$y_j = f\left(\sum_{i=1}^{n} w_{ij} x_i + b_j\right) \tag{2.40}$$

ここで w_{ij} はノード i からノード j へのアークに付随する重み係数，b_j は出力
先のノード j についてのバイアス項である。また，$f(\cdot)$ は**活性化関数**と呼ばれ
る関数であり，一般に非線形関数が用いられる。最もよく用いられるのは以下
の**シグモイド**（sigmoid）**関数**である。

$$f(u) = \frac{1}{1 + \exp(-u)} \tag{2.41}$$

また，以下の**正規化線形関数**（rectified linear function）もしばしば用いられる。

$$f(u) = \max(0, u)$$

これらの関数を図 **2.9**，図 **2.10** に示す。

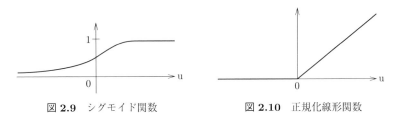

図 **2.9**　シグモイド関数　　　　　　　図 **2.10**　正規化線形関数

　MLP のパラメータ，すなわち重み w とバイアス b は，あらかじめ教師ラベ
ルを付けられた学習データを用いた**誤差逆伝搬**（error back propagation）**法**[9]
により推定される。いま，N 個の入力 $x_1, \ldots, x_N$ に対する出力 $y_1, \ldots, y_N$ と，

そのおのおのに対応するカテゴリを $c_1, \ldots, c_N$ としたとき，**交差エントロピー**（cross entropy）E は

$$E = -\sum_{n=1}^{N} \log y_{n,c_n} \qquad (2.42)$$

となる。ここで，y_{n,c_n} は y_n の c_n 番目の成分である。この交差エントロピー E は**誤差関数**と呼ばれ，これを小さくするパラメータを推定する。

　誤差逆伝搬法では，出力層における誤差をその下層へ伝搬していき，各層ではその誤差を用いて**確率的勾配降下法**（stochastic gradient decent, **SGD**）を用いて，パラメータを更新する。この手続きを多数回繰り返す。収束は保証されず，収束する場合も局所的な最適解しか得られない。

2.4.2　深層ニューラルネットワーク（**DNN**）

　MLP の中で特に隠れ層が多いものを**深層ニューラルネットワーク**（deep neural network, **DNN**）と呼ぶ。2006 年ころから，音声や画像の認識において高い性能を示す結果があいついで報告され，大きなブームとなった。それにはいくつか理由があるが，まず一つには，計算機技術が進歩し，これまでに比べて大規模なネットワークを利用して学習できるようになり，認識率が大きく向上したことが挙げられる。また，ニューラルネットワークの学習では，パラメータの初期値の設定が重要であったが，**事前学習**（pretraining）を行うことにより，より安定した学習が行えるようになったこともその理由の一つである。さらに，多層の MLP の場合，誤差逆伝搬法において，誤差が下層に行くにつれて小さくなり，パラメータの更新ができなくなる**勾配消失**（vanishing gradient）の問題があったが，これもネットワークの構造や学習方法を工夫することにより，ある程度まで回避できるようになったことも大きく影響している。

　2010 年に，HMM を用いた大語彙音声認識において，混合正規分布の代わりに DNN の出力値を用いる方法が，混合正規分布を用いた場合に比べ誤りを 3 割程度削減した結果を出したことが報告され，注目を集めた（**図 2.11**）。2.1.4 項で述べたように，HMM では状態 s における特徴ベクトル X の出力確率 $P(X|s)$

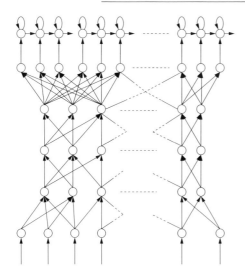

図 **2.11** DNN–HMM ハイ
ブリッド法

を用いるが，ニューラルネットワークは，各音声フレームごとに，特徴ベクトル X を与えたときの各状態 s の確率 $P(s|X)$ を計算する。したがって，ニューラルネットワークの出力値をそのまま出力確率として用いることができない。そこで，この方法では，以下のベイズの定理を用いてニューラルネットワークの出力値を出力確率に変換する。

$$P(X|s) = \frac{P(s|X)P(X)}{p(s)}$$

ここで $p(s)$ は状態の出現頻度を用いて経験的に求める。DNN の学習では，まず GMM を用いた HMM により音声データに状態ラベルを付け，そしてこの状態ラベルを教師信号として学習を行う。したがって，事前に従来の GMM–HMM を学習する必要がある。この方法は，DNN を HMM と組み合わせて用いるので，**DNN–HMM ハイブリッド法**と呼ばれる。なお，この方式自体はすでに 1994 年に Bourlard らにより提案されていた[10]。

2.4.3 畳み込みニューラルネットワーク

畳み込みニューラルネットワーク（convolutional neural network，**CNN**）とは，信号解析における畳み込み演算を行うニューラルネットワークである。

1989 年にルカン（LeCun）らにより，手書き文字認識の応用のために提案され
た[11]。2 次元の画像の画素値を入力として，手書き文字のカテゴリを出力する
ネットワークである。その構造を図 **2.12** に示す。

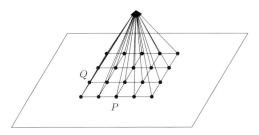

図 **2.12**　畳み込みニューラルネットワークの構造

矩形の入力窓（$P \times Q$）の入力に対して以下の畳み込み演算を行う。

$$u_{ij} = \sum_{p=0}^{P-1} \sum_{q=0}^{Q-1} w_{ij} x_{ij} x_{i+p,i+q} + b \tag{2.43}$$

$$y_{ij} = f(u_{ij}) \tag{2.44}$$

この入力窓を，画像全体に対して，スライドして適用する。このネットワーク
は信号から特徴を抽出するフィルタとしての役割をもつ。パラメータ（重み係
数とバイアス）は前述の誤差逆伝搬法で学習される。前述の DNN に比べると
推定すべきパラメータ数が少なく，少ないデータ量でも頑健に学習が可能であ
るという利点がある。なお，一般にフィルタは複数用意され，おのおののフィ
ルタが別々の特徴を学習する。

　音声認識においては，同じ年，1989 年に Weibel らにより，**時間遅れニュー
ラルネットワーク**（time–delay neural network，**TDNN**）が提案された[12]。
その構造を図 **2.13** に示す。メルフィルタバンク 16 次元とおのおの 10 ms の長
さの音声フレーム 16 次元から構成される 2 次元平面において，前述の畳み込
みフィルタを学習する。畳み込みフィルタにおけるフィルタの窓は周波数軸方
向にはすべてのフィルタバンクを含み，時間軸方向の長さ（フレーム数）は層
により異なる。時間方向に処理をしていくと，各層の出力が時間方向の窓長だ

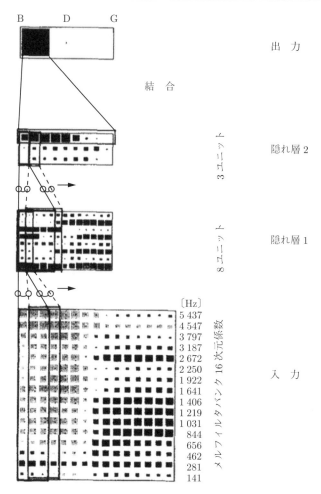

図 **2.13** 時間遅れニューラルネットワークの構造（文献 12) より転載)

け遅れるため，「時間遅れ」という名前が付いている。/b/, /d/, /g/の 3 音素の識別のタスクで従来の HMM を上回る性能を達成している。TDNN は，あらかじめ音素ごとに区切られたデータを対象としているため，大語彙連続音声認識にはそのままでは用いることができない。深層学習において，特徴を抽出するために用いられることがある。

2.4.4 再帰型ニューラルネットワーク

音声は時系列信号であり，その隣接した音声フレームの特徴量の間には強い相関がある。これまで説明してきたニューラルネットワークは，その特徴を十分に活用しているとはいえない。時系列信号のモデル化のために用いられるニューラルネットワークのうち，代表的なものとして，**再帰型ニューラルネットワーク**（recurrent neural network，**RNN**）がある。

音声認識に利用される RNN にはさまざまな種類があるが，その中でも最も簡単な形をしているエルマン型ネットワークがよく用いられる。その構造を図 **2.14** に示す。

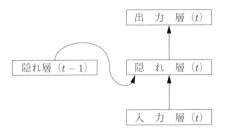

図 2.14 再帰型ニューラルネットワークの構造
（エルマン型）

この図に示すように，ある時刻 t の隠れ層からの出力が，そのつぎの時刻 $t+1$ において，入力層からの入力とともに隠れ層への入力となる。

ある時刻 t における入力ベクトルを $\boldsymbol{x}_t$ としたとき，隠れ層からの出力ベクトル $\boldsymbol{z}_t$ は

$$\boldsymbol{z}_t = f(U\boldsymbol{x}_t + V\boldsymbol{z}_{t-1}) \tag{2.45}$$

となる。ここで，U は入力層と隠れ層との間の重み係数行列，V は一時刻前の隠れ層と現時刻の隠れ層との間の重み行列である。$t=1$ から t を増分しながら，各時刻の出力を求めていく。ある時刻の出力は過去のすべての時刻の入力に依存する。

RNN の学習は**通時的誤差逆伝搬法**（back propagation through time,

BPTT）を用いて行われる。エルマン型ネットワークを時間軸方向に展開した
ものを図 **2.15** に示す。この図からわかるように，RNN はフレーム数とほぼ同
じ数の隠れ層をもつ深層ネットワークとみなすことができる。BPTT では，こ
のようにネットワークを展開した上で通常の誤差逆伝搬法を適用する。もちろ
ん，音声が長くなればなるほど層の数が増えてしまうので，実際には，ある程
度の長さで音声を区切って BPTT を適用する。

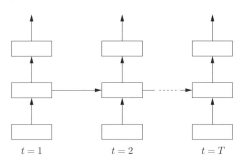

図 **2.15**　通時的誤差逆伝搬法

1989 年に，ロビンソンらにより RNN が初めて音声認識に適用された[13]。連
続音素認識のタスクで，HMM による認識とほぼ同等の結果を得ている。その後，
1997 年にシュスター（Schuster）らが，**双方向 RNN**（bidirectional recurrent
neural network, **BRNN**）を提案した[14]。これは，時間軸の順方向に隠れ層
が結合する通常の RNN と，それとは逆方向に隠れ層が結合する RNN を合成
したものである。その構造を図 **2.16** に示す。学習は BPTT 法を用いるが，順

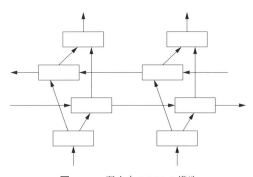

図 **2.16**　双方向 RNN の構造

方向の依存関係をモデル化する隠れ層と，逆方向の依存関係をモデル化する隠れ層が独立のため，通常の RNN の学習とほぼ同様に行うことができる。

2.4.5　長・短期記憶

RNN では，音声フレームの時間的間隔が離れるにつれて勾配消失の問題がより深刻になり，その結果，長時間の相関が表せない。この欠点を克服するために提案されたのが，**長・短期記憶**（long short–term memory，**LSTM**）である。その基本単位であるメモリユニットを図 **2.17** に示す。一つのメモリ M，五つのユニット（A, B, I, F, O），三つのゲート（入力ゲート，出力ゲート，忘却ゲート）と，それらの間の結合で構成される。一つのメモリユニットが RNN における一つのユニットとして使用される。

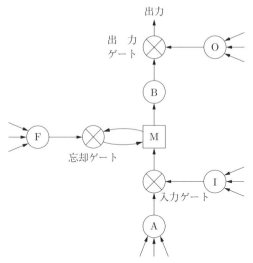

図 2.17　長・短期記憶（LSTM）のメモリユニット

ユニット A は通常の RNN のユニットに対応し，時刻 t の下層からの出力と，時刻 $t-1$ の隠れ層における他のメモリユニットからの出力をある結合重みで重みづけた信号が入力される。その出力にユニット I からの出力値を乗じた値と，前の時刻 $t-1$ のメモリ M の値にユニット F からの出力値を乗じた値の和

が，メモリ M に入力される。メモリ M の値はユニット B に入力され，ユニット B からの出力にユニット O からの出力値を乗じた値が，このメモリユニット全体の出力になる。入力ゲートは，入力を制限する機能をもつ。忘却ゲートは，メモリ M において前時刻の状態をどの程度記憶するかを制御する。出力ゲートは，出力を制限する機能をもつ。これらのメモリユニットを構成する五つのユニットの結合重みとバイアスは，RNN と同様の BPTT 法で学習される。

グレイブスらは，BRNN に LSTM を用い，大語彙音声認識において従来の DNN を上回る性能を得ている[15]。

2.4.6 コネクショニスト時系列識別法

前述の DNN–HMM ハイブリッド法では，最初に GMM–HMM を用いたビタービアルゴリズムにより，音声フレームと状態の対応づけを行っていた。しかしながら，HMM の学習の場合と同様，フォワード・バックワードアルゴリズムを用いることができれば，より頑健な対応づけが可能になる。また，対応づけのための音響モデルとして，GMM–HMM の代わりに更新されたニューラルネットワークを用いることができれば，よりいっそう認識性能が向上するはずである。

そのような考えに基づき，提案された手法の一つが**コネクショニスト時系列識別法**（connectionist temporal classification, **CTC**）である[16]。CTC では，ニューラルネットワークとして状態を出力ノードとする RNN を用い，その各ノードの出力を状態の事後確率とみなす。そして，left–to–right 型の HMM の場合と同様に，状態間の遷移を限定する。そうすると，2.1.4 項，2.1.5 項での議論と同様に，状態と音声フレームとの異なる対応づけが DP 平面での別々の経路として表現される。CTC では，フォワード・バックワードアルゴリズムをすべての経路について和をとった交差エントロピーを求め，それを誤差とした誤差逆伝搬法を用いることにより，RNN のパラメータを学習する。

なお，CTC では，データ X に対する状態 s の事後確率 $P(s|X)$ を直接推定するので，ベイズの定理に基づいて最適化しようとする場合，すなわち $P(X|W)$

を最大にしたい場合には，そのまま使うことはできない。その場合は，2.4.2項で述べたように，各状態 s の事前確率 $p(s)$ を用いて $p(X|s)$ を計算し，それに対しフォワード・バックワードアルゴリズムを実行する。

また，状態を出力ノードとするニューラルネットワークとして RNN を用いる場合には，DNN を用いる場合に比べてより大量のデータが必要となるが，それを用意するのは難しい。したがって，しばしば環境非依存音素（monophone）が出力ノードとして用いられる。空白のラベル（blank label）を用意し，それを音素の間に挟んで単語や文を表現することにより，音素間の調音結合も含めて学習を行う。

2.4.7 注意機構

これまで述べてきた深層学習を用いた音声認識手法は，GMM–HMM に代わる高性能な音響モデルを開発するアプローチであった。一方で，自然言語処理，特に機械翻訳応用では，文から文に直接変換する Seq2Seq（Sequence–to–Sequence）の深層モデルが提案され，開発された。それを音声認識に応用し，音声から文に直接変換するモデルが登場した。このモデルは，式 (1.1) において $P(X|W)$ を推定するのではなく，$P(W|X)$ を直接推定する。つまり，$P(W)$ の推定も含んでいる。

当初の Seq2Seq モデルでは図 **2.18** に例を示すエンコーダ・デコーダ（encoder–decoder）構造のモデルが使われていた。エンコーダ，デコーダとしては RNN

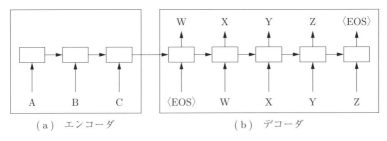

（a）エンコーダ   （b）デコーダ

図 **2.18** エンコーダ・デコーダモデルの例（入力文字列 ABC に対し，文字列 WXYZ を出力する。⟨EOS⟩ は文末記号）

もしくは LSTM が用いられる。エンコーダから最後に出力された隠れ変数ベクトルをデコーダの初期隠れ変数ベクトルとして入力する。このモデルではすべての入力列が同じ長さのベクトルで表現されるため，文が長くなると表現力が不足する。また，長期の依存関係を表現できない。これらの問題を解決するために生み出されたのが**注意機構**（attention mechanism）である。

図 2.19 に注意機構の例を示す[17]。ここでは，デコーダのある時刻 t の出力 y_t を推定する。まず，デコーダの一つ前の時刻 $t-1$ の隠れ状態ベクトル s_{t-1} とエンコーダの各時刻 j の隠れ状態ベクトル h_j の類似度 $\alpha_{t,j}$ が以下の式で計算される。

$$\alpha_{t,j} = \frac{\exp\{f(s_{t-1}, h_j)\}}{\displaystyle\sum_{j=1}^{J} \exp\{f(s_{t-1}, h_j)\}} \tag{2.46}$$

ここで f は s_{t-1} と h_j との間の類似度を出力する関数であり，しばしば両者の内積が使われる。つぎに，求められた $\alpha_{t,j}$ にエンコーダの各時刻の出力 $h_1, \ldots, h_J$ を重みづけて和をとった文脈ベクトル c_t を計算する。

$$c_t = \sum_{j=1}^{J} \alpha_{t,j} h_j \tag{2.47}$$

このベクトルは，出力単語ごとに，その生成において入力文中のどの単語を重

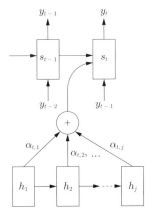

図 2.19　注意機構の例

視するか（注意を向けるか）を表現している。そして，デコーダでは，この文脈ベクトル c_t を前時刻の隠れ状態ベクトル s_{t-1} と前時刻の出力とともに入力し，時刻 t における出力を計算する。

　注意機構を用いた音声認識では，このモデルにおいて入力文を音声特徴量に置き換える。その際，CNN による局所音声特徴量抽出と組み合わせて用いられることが多い[18]。

引用・参考文献

1)　L. Rabiner and B.H. Juang：Fundamentals of speech recognition, Prentice Hall (1993)

2)　C.M. Bishop：Pattern Recognition and Machine Learning, Springer (2006)；元田　浩・栗田多喜夫・樋口知之・松本裕治・村田昇　監訳：パターン認識と機械学習（上・下巻），シュプリンガー・ジャパン (2007)

3)　J.-L. Gauvain and C.-H. Lee：Maximum a posteriori estimation for multi-variate Gaussian mixture observations of Markov chains, IEEE Transactions on Speech and Audio Processing, **2**, 2, pp.291–298 (1994)

4)　C.J. Leggetter, P.C. Woodland：Maximum likelihood linear regression for speaker adaptation of continuous–density hidden Markov models, Computer Speech and Language, **9**, pp.171–185 (1995)

5)　V.V. Digalakis and L.G. Neumeyer：Speaker adaptation using combined transformation and Bayesian methods, IEEE Transactions on Speech and Audio Processing, **4**, 4, pp.294–300 (1996)

6)　M.J.F. Gales and P.C. Woodland：Mean and covariance adaptation within MLLR framework, Computer Speech and Language, **10**, pp.249–264 (1996)

7)　岡谷貴之：深層学習，機械学習プロフェッショナルシリーズ 14，講談社 (2015)

8)　篠田浩一：音声認識，機械学習プロフェッショナルシリーズ 11，講談社 (2017)

9)　D.E. Rumelhart, G.E. Hinton and R.J. Williams：Learning representations by back–propagating errors, Nature, **323**, 6088, pp.533–536 (1986)

10)　H. Bourlard and N. Morgan：Connectionist speech recognition: A hybrid approach, The Kluwer International Series in Engineering and Computer Science, **247** (1994)

11)　Y. LeCun, B. Boser, J.S. Denker, D. Henderson, R.E. Howard, W. Hubbard and L.D. Jackel：Backpropagation applied to handwritten zip code recognition, Neural Computation, **1**, pp.541–551 (1989)

12) A. Waibel, T. Hanazawa, G. Hinton, K. Shikano and K.J. Lang：Phoneme recognition using time–delay neural networks, IEEE Transactions on Acoustics, Speech, and Signal Processing, **37**, 3, pp.328–339 (1989)

13) A.J. Robinson and F. Fallside：A dynamic connectionist model for phoneme recognition, In Neural Networks from Models to Applications, Proceedings of nEuro'88, pp.541–550 (1989)

14) M. Schuster and K.K. Pariwal：Bidirectional recurrent neural networks, IEEE Transactions on Signal Processing, **45**, 11, pp.2673–2681 (1997)

15) A. Graves, N. Jaitly and A. Mohamed：Hybrid speech recognition with deep bidirectional LSTM, Proc. IEEE–ASRU (2013)

16) A. Graves, F. Fernández, F. Gomez and J. Schmidhuber：Connectionist temporal classification: Labelling unsegmented sequence data with recurrent neural network, Proc. ICML (2006)

17) D. Bahdanau, K. Cho and Y. Bengio：Neural machine translation by jointly learning to align and translate, Proc. ICLR (2014)

18) A. Gulati, J. Qin, C.–C. Chiu, N. Parmar, Y. Zhang, J. Yu, W. Han, S. Wang, Z. Zhang, Y. Wu and R. Pang：Conformer: Convolution–augmented transformer for speech recognition, Proc. Interspeech (2020)

3章 言語モデルとその高度化

◆本章のテーマ

音声認識を行うための重要な要素の一つである「言語モデル」について学ぶ。音声認識技術の研究が始まった当初は、音響モデルだけを利用して音声認識を実現しようとしていて、当時「音素タイプライタ」と呼ばれていた。しかし、音声認識の難しさが明らかになるにつれて、音声認識を実現するためには、もっと高次の言語的な知識が不可欠であることがわかってきた。これを工学的に実現する手段が言語モデルである。

言語モデルの基本的な概念から始め、最もよく利用されている N–gram モデルの解説を行う。つぎに統計的言語モデルの評価指標についてふれ、クラス N–gram やトピックモデルによる頑健性の向上についてふれる。さらに、言語的な制約と音声認識誤りを合わせてモデル化する手法である識別的言語モデルについて述べ、近年発展しているニューラルネットワークによる言語モデルについて解説する。

◆本章の構成（キーワード）

3.1 言語モデル

　　統計的言語モデル，ユニグラム，最尤推定，ネットワーク文法

3.2 N–gram モデル

　　確率の平滑化，バックオフ N–gram，HPYLM，N–gram モデルの適応

3.3 統計的言語モデルの評価

　　パープレキシティ，補正パープレキシティ

3.4 頑健性の向上

　　クラス N–gram，トピックモデル，最大エントロピー言語モデル

3.5 識別的言語モデル

　　線形モデル，対数線形モデル

3.6 ニューラルネットワーク・深層学習の利用

　　全結合型ニューラルネットワーク言語モデル，再帰型ニューラルネットワーク言語モデル

3.1 言 語 モ デ ル

3.1.1 統計的言語モデル

音声を生成する確率モデルの枠組みで音声の認識をするためには，「言語表現 W が入力音声 X を生成する確率」$P(W|X)$ と，「言語表現 W が出現する確率」$P(W)$ が必要である。後者の $P(W)$ を計算するためのモデルを**言語モデル**（language model）という。この「言語表現」として，通常は単語列を想定することが多い。すなわち

$$W = w_1, \ldots, w_n \tag{3.1}$$

とし，w_i は i 番目の単語を表す。ただし，単語を単位としなければならないわけではなく，文字，（必ずしも単語ではない）文字列，複数の単語を連結した単語列などが単位となることもある。日本語の場合，単語の間に空白文字を置かないため，「単語」の定義が場合によって異なることがある。ここでは，なんらかの「単語」の定義があることを仮定して，単語を単位として説明する。本章のほとんどの説明は，単位が単語以外のものであってもそのまま通用する。

言語モデルは $P(W) = P(w_1, \ldots, w_n)$ を計算する「もの」（モデル，アルゴリズム，計算機構，プログラムなど）であるが，これだけでは抽象的でわかりにくいかもしれない。そこで，まず簡単な例を挙げて言語モデルを理解してみよう。

まず，言語が生成される「しくみ」を考える。言語が生成される本当のしくみはわからないので，ここではそれを単純化した，なんらかの「しくみ」を仮定することになる。「しくみ」の例として，単語の出現順序によらず，単語ごとに定められた一定の確率で単語が生成されると仮定してみよう。これは言語モデルとして最も単純なものであり，**ユニグラム**（unigram）と呼ばれる。すべての単語の出現確率は順序によらないので

$$P(W) = \prod_{i=1}^{n} P(w_i) \tag{3.2}$$

と表すことができる。ここで，$P(w_i)$ は単語 w_i の出現確率である。

実際にこのモデルを使って確率計算をするためには，音声認識システムが扱うすべての単語について，$P(w_i)$ が既知でなければならない。このように，確率を推定する際に既知でなければならない値を，そのモデルの**パラメータ**という。モデルを実際に利用するためにはパラメータの値の推定が不可欠であり，ほとんどの場合にはデータからの統計によってパラメータの値を推定する。

まず，大量の言語データ（**言語コーパス**）を用意する。ここで，言語コーパスの中の文は，なんらかの手段で単語に区切られているとする。ここからパラメータ推定を行うわけであるが，パラメータ推定に用いるデータを**学習データ**（**学習コーパス**）と呼ぶ。ユニグラムは単純なので，学習コーパスの中にどの種類の単語が何回出現したかの回数だけがわかればよい。ここで単語 w の学習コーパス内の出現頻度を $N(w)$ とし，システムが扱うすべての単語の集合（語彙）を $\mathcal{V}$ とすれば

$$P(w) = \frac{N(w)}{\displaystyle\sum_{w' \in \mathcal{V}} N(w')} \tag{3.3}$$

と表現することができる。これは単語 w の相対出現頻度である。一般に，学習コーパスにはシステムが扱わない単語も含まれているので，そのような単語は1種類の「未知語」というシンボルに置き換えて扱うことが多い。

なお，式 (3.3) で推定されるものはあくまでも $P(w)$ の推定値であり，真の $P(w)$ は不明である。とはいっても，確率推定のための材料が学習コーパスしかないのであれば，式 (3.3) のような推定は妥当であるように思われる。実際，式 (3.3) のような推定値は，モデルからの学習コーパスの生成確率を最大にする推定値になっている。このような確率推定法を**最尤推定法**（maximum likelihood estimation，**ML 法**）という。

最尤推定法による確率推定の原理を見てみよう。語彙にある単語を $\mathcal{V} = \{w^1, w^2, \ldots, w^{|\mathcal{V}|}\}$ とする。また，$|\mathcal{V}|$ は語彙サイズを表す。このとき，k 番目の種類の単語が出現する確率に相当するパラメータを θ_k とし，パラメータ

の全体を $\Theta = (\theta_1, \ldots, \theta_{|\mathcal{V}|})$ とする。このようなパラメータの値の下で，学習コーパス $\mathcal{D}$ の単語すべてが生成される確率は，k 番目の種類の単語が $N(w^k)$ 回出現することを考慮し

$$P\left(\mathcal{D}|\Theta\right) = \prod_{k=1}^{|\mathcal{V}|} \theta_k^{N(w^k)} \tag{3.4}$$

である。これだと計算しにくいので対数をとると

$$\log P\left(\mathcal{D}|\Theta\right) = \sum_{k=1}^{|\mathcal{V}|} N\left(w^k\right) \log \theta_k \tag{3.5}$$

となる。一方，θ_k は確率であるから，すべて加算すると 1 になる。

$$\sum_{k=1}^{|\mathcal{V}|} \theta_k = 1 \tag{3.6}$$

そこで，式 (3.6) の制約下で式 (3.5) の値を最大化する。本当は式 (3.4) の値を最大化したいが，対数関数は単調増加関数なので，式 (3.5) を最大化する解は式 (3.4) も最大化するはずである。ラグランジュの未定乗数 λ を使って

$$L = \sum_{k=1}^{|\mathcal{V}|} N\left(w^k\right) \log \theta_k + \lambda \left(1 - \sum_{k=1}^{|\mathcal{V}|} \theta_k\right) \tag{3.7}$$

と置き，これを θ_k で微分して 0 と置く。

$$\frac{\partial L}{\partial \theta_k} = \frac{N(w^k)}{\theta_k} - \lambda = 0 \tag{3.8}$$

$$N\left(w^k\right) = \lambda \theta_k \tag{3.9}$$

ここで式 (3.6) に注意して λ を決めれば

$$\theta_k = \frac{N(w^k)}{\displaystyle\sum_{k=1}^{K} N(w^k)} \tag{3.10}$$

となり，式 (3.3) と同じ解が得られる。

このように，学習コーパスなどから得られる言語シンボル（単語）の統計情報

に基づいて構築される言語モデルのことを，**統計的言語モデル**と呼ぶ。ここでは，ユニグラムモデルを例にとって，統計的言語モデルについて説明した。統計的言語モデルでは，言語シンボル（単語）を生成する「しくみ」をまず考え，そのしくみに内在するパラメータを決めた上で，そのパラメータを学習コーパスから推定する方法を検討することになる。

3.1.2 ネットワーク文法

統計的言語モデルは語彙サイズの大きい文を認識するには便利であるが，語彙サイズが小さくて定型の文だけを認識したいときには冗長である。このような応用には，組込み機器や簡単な作業をするロボット，おもちゃなどが想定される。このような場合には，システムが認識できる文とそれ以外をはっきり区別するような書き方のほうが手軽であり，システム作成の柔軟性も高い。

認識できる文は有限であるから，認識可能な文をすべて列挙すれば，単語認識と同じ枠組みで文を認識することができる。しかし，文が長くなると組合せが多くなるので，語彙サイズが小さかったとしても認識可能な文の数は爆発的に増える。そこで，文法を用意して，その文法に合う文だけを認識するようにすれば，少ない計算資源で多様な文を表現することができる。

このような文法にはさまざまな形式が考えられるが，最も広く用いられているのはネットワークで表現できる文法（**ネットワーク文法**）である。このような文法の例を**図 3.1** に示す。この図において，○や◎は「**状態**」を表現し，このうち◎はそこで文が終了できる状態（最終状態）を表している。状態間の矢印は**状態遷移**を表し，この矢印に沿って状態を移動することが可能であることを表す。左端の状態にはなにもないところから入ってくる矢印があり，これはこの状態が初期状態であることを表す。初期状態から最終状態まで矢印に沿って状態を遷移しながら，矢印の上の単語を一つ選んで連結していくと，最終状態に到達した時点で文がつくられるようになっている（通常は一つの状態遷移に一つの単語が対応するが，この図では見やすさのために一つの状態遷移に複数の単語を対応させている）。ε は空文字列であり，単語を連結せずにこの状態

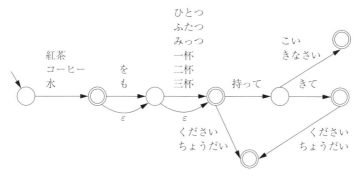

図 **3.1**　ネットワーク文法の例

遷移を利用することができることを表している。

　このようなネットワークを G とし，このネットワークが生成することができるすべての単語列の集合を L とする。ある単語列 W が与えられたとき，$W \in L$ ならば「G は W を受理する」という。ネットワーク文法を利用した認識では，統計的言語モデルの枠組みにおいて

$$P(W) = \begin{cases} 1 & (W \in L) \\ 0 & (その他) \end{cases} \tag{3.11}$$

とした場合と同じである（本当に統計的言語モデルの枠組みに合わせるためには，すべての W について $P(W)$ を加えると 1 になるよう正規化しなければならないが，ここでは本質的ではない）。

　実際にネットワーク文法を音声認識システムに実装する場合には，図 3.1 のように図で表現することはできないので，同じ制約を文法規則の形で表現することになる。ネットワーク文法は，形式言語理論でいう**正規文法**または**有限状態オートマトン**と等価であり，形式的にはつぎのように表現される。単語（終端記号）の集合を T，非終端記号の集合を N，生成規則の集合を P，開始記号を $S \in N$ とすると，文法 $G = (N, T, P, S)$ と表される。ここで P は

$$A \rightarrow \alpha \qquad (A \in N, \ \alpha \in T),$$
$$A \rightarrow \alpha B \qquad (A, B \in N, \ \alpha \in T) \tag{3.12}$$

のいずれかの形の規則しか含まない。開始記号 S から出発し，生成規則の左辺の非終端記号を右辺の記号列で置き換える操作を繰り返して，最後に終端記号（単語）だけの系列になったときに「文法から記号列が生成された」と呼ばれる。

実際の音声認識システムでは，規則の形として

$$A \to \alpha \qquad\qquad (A \in N,\ \alpha \in T),$$
$$A \to B_1 B_2 \cdots B_n \qquad (A, B_1, \ldots, B_n \in N) \qquad\qquad (3.13)$$

のような形を許容することが多い。このような規則をもつ文法は一般に**文脈自由文法**と呼ばれ，正規文法よりも記述能力が高いが，単語列 W が文脈自由文法 G の生成する単語列かどうかをチェックする作業は計算量が多いため（単語列の長さの3乗のオーダー），実質的に正規文法しか生成しないよう制限している場合が多い。

図 3.1 の一部を規則で記述した例を**図 3.2** に示す。この例での開始記号は S である。例えば，「水をひとつください」という文は

$$S \to B\,N\,P \to 水\,NP \to 水\,PP\,NN\,P \to 水\,を\,NN\,P$$
$$\to 水\,を\,ひとつ\,P \to 水\,を\,ひとつ\,K1 \to 水\,を\,ひとつ\,ください$$

のように生成される。

$$
\begin{array}{ll}
S \to B\,N\,P & B \to 紅茶 \\
S \to B\,P & B \to コーヒー \\
N \to PP & B \to 水 \\
N \to NN & PP \to を \\
N \to PP\,NN & NN \to ひとつ \\
P \to K1 & NN \to ふたつ \\
P \to M\,K2 & K1 \to ください \\
P \to M\,K3 & K2 \to こい \\
P \to M\,K3\,K1 & K3 \to きて \\
& M \to 持って
\end{array}
$$

図 **3.2**　生 成 規 則 の 例

音声認識のプロセスの中でネットワーク文法を使う場合には，処理の効率を上げるために，図 3.2 のような規則をそのまま使うのではなく，これを有限状態オートマトンに変換して利用することが多い。

3.2 *N*–gram モデル

3.2.1 *N*–gram モデルとは

ユニグラムモデルは単純であるが，単語の出現順序を考慮していないため，例えば「赤い/鳥/が/南/の/空/に/飛ん/で/行っ/た」という単語列（"/" は単語の区切り）と，「に/飛ん/行っ/南/鳥/が/の/空/で/た/赤い」という単語列は同じぐらい出現しやすいことになる。実際にはもちろん後者の単語列のほうが日本語としては出現しにくいはずであり，それを表現するには単語の順序を考慮する必要がある。式 (3.2) を変形すると

$$P(w_1, \ldots, w_n) = \prod_{i=1}^{n} P(w_i | w_1, \ldots, w_{i-1}) \tag{3.14}$$

という式が得られる。ここで $P(w_i | w_1, \ldots, w_{i-1})$ は，先頭の単語から $i-1$ 番目までの単語が出現した条件における単語 w_i の条件付き出現確率である。この「先頭の単語から $i-1$ 番目までの単語」は，確率値を推定する際に利用できる情報であり，**単語履歴**（history）または**コンテキスト**（context）と呼ばれる。この式は厳密な変形であり，近似はない。しかし，i が大きくなると，条件付き確率の推定は非常に難しくなる。そこで，単語履歴を高々 $N-1$ 単語に限る近似を入れると，つぎの式が得られる。

$$P(w_1, \ldots, w_n) \approx \prod_{i=1}^{n} P(w_i | w_{i-N+1}, \ldots, w_{i-1}) \tag{3.15}$$

これを **_N_–gram** モデルと呼ぶ。特に，$N = 2$ のとき**バイグラム**（bigram），$N = 3$ のとき**トライグラム**（trigram）と呼ぶ。前述のユニグラムは，$N = 1$ の（すなわち，単語履歴を考慮しない）場合に相当する。なお，この N は式 (3.3) などで用いる出現頻度とは異なる定義であることに注意されたい。

バイグラムの確率推定を見てみよう。バイグラム確率は

$$P(w_1, \ldots, w_n) \approx \prod_{i=1}^{n} P(w_i|w_{i-1}) \tag{3.16}$$

と書ける。したがって，すべての二つの単語 u, v の組合せについて $P(u|v)$ が
わかっていれば，式 (3.16) の確率を求めることができる。

　ここで，単語履歴を h とおくと，$P(w|h)$ は「単語列 h が出現した条件下で，
その後に単語 w がつづく確率」だと解釈することができる。学習コーパス中の
単語列の出現頻度を $N(\cdot)$ とすると，最尤推定による $P(w|h)$ は

$$P(w|h) = \frac{N(h, w)}{N(h)} \tag{3.17}$$

と表される。これは，単語列 h に後続する単語のうち単語 w がつづく割合であ
る。$h = w_{i-1}$ とした場合，バイグラム確率の最尤推定値は

$$P(w_i|w_{i-1}) = \frac{N(w_{i-1}, w_i)}{N(w_{i-1})} \tag{3.18}$$

と書ける。トライグラムやそれよりも長い N–gram の場合においても，同じ考
え方が成り立ち，トライグラム確率の最尤推定値は

$$P(w_i|w_{i-2}, w_{i-1}) = \frac{N(w_{i-2}, w_{i-1}, w_i)}{N(w_{i-2}, w_{i-1})} \tag{3.19}$$

と書ける。

3.2.2　確率の平滑化

　最尤推定による N–gram 確率の推定には問題がある。学習コーパスには言語
として可能な表現がすべて含まれているわけではないため，上記の例で "h, w"
が言語として可能な単語並びであったとしても，それがたまたま学習コーパス
に含まれていなければ $N(h, w) = 0$ であるため，確率が 0 になる。例えば，毎
日新聞 2001 年度版（のべ約 36 万単語）の中には，「首相/とか」という単語の
並びは出現しない（もちろん，「首相」，「とか」それぞれは出現している）。す
ると，式 (3.16) からわかるように，単語列全体の確率はそれぞれの N–gram 確

率の積であるため，長い単語列のどこかに頻度 0 の単語並びがあれば，それ以外の単語並びにかかわらず単語列全体の生成確率はつねに 0 になる。このような事態はできるだけ避けなければならない。

そこで使われるのが確率の**平滑化**（smoothing）である。平滑化とは，高い確率をもつ事象の確率を少し下げ，余った確率を確率 0 の事象に振り分ける方法の総称である。平滑化にはいくつか方法があるが，代表的なものは線形補間による平滑化とバックオフ平滑化である。

〔**1**〕**線形補間**　　線形補間による平滑化[1]) は，長さの異なる *N*-gram の最尤推定確率を重み付きで平均する方法である。例えばバイグラム確率の場合，つぎのようにして求めることができる。この式において，*N* は学習コーパス中の総単語数である。

$$P\left(w|h\right) = \alpha \frac{N(h,w)}{N(h)} + (1-\alpha)\frac{N(w)}{N} \tag{3.20}$$

この式の第 1 項はバイグラム確率の最尤推定値，第 2 項はユニグラム確率の最尤推定値であり，$0 \leq \alpha \leq 1$ は結合係数である。バイグラム確率とユニグラム確率を平均するので，$N(h,w) = 0$ であったとしても，$\alpha < 1$ かつ $N(w) \neq 0$ ならば確率は 0 にならない。

α を求めるために，**削除補間法**（deleted interpolation）という方法がよく使われる。この方法では，学習コーパスをいくつか（例えば四つ）に分割し，そのうちの一つを除いた 3/4 でユニグラムとバイグラムの最尤推定確率を求める。つぎに，除いておいた 1/4 の学習コーパスの出現確率を式 (3.20) を使って求めたとき，その確率が最大になるように α を決定する。α の値は，2.1.5 項で紹介した EM アルゴリズムを使って効率よく推定することができる。これをすべての組合せについて行うと，α が 4 通り求まるので，その平均を最終的な α とする。また，ユニグラムとバイグラムのパラメータを改めて学習コーパス全体から最尤推定によって求める。

EM アルゴリズムによるパラメータ推定は以下のように行われる。*K* 種類（上記の例では 2 種類）の確率分布 $P_k(w|h)$ $(1 \leq k \leq K)$ があり，その組合

せによって確率をつぎのように求めるとする。

$$P(w|h) = \sum_{k=1}^{K} \alpha_k P_k(w|h) \tag{3.21}$$

ただし

$$\sum_{k=1}^{K} \alpha_k = 1 \tag{3.22}$$

である。

　パラメータ推定用のデータ（上述の「1/4 の学習コーパス」）を $w_1, \ldots, w_n$ とする。EM アルゴリズムでは反復計算によりパラメータを推定する。α_k の初期値を α_k^0 とする。j 回目の反復計算を行った際の推定値 α_k^j がわかっているとき，それを使ってつぎの推定値 α_k^{j+1} をつぎのように求めることができる。

$$\alpha_k^{j+1} \leftarrow \frac{1}{n} \sum_{i=1}^{n} \frac{\alpha_k^j P_k(w_i|h_i)}{\sum_k \alpha_k^j P_k(w_i|h_i)} \tag{3.23}$$

〔2〕　バックオフ平滑化　　　線形補間による平滑化では，つねにいくつかの N–gram 確率を平均する。これに対して，例えばバイグラム確率を求める場合に，バイグラム確率が 0 でなければそれを使い，0 ならばユニグラム確率で代替する平滑化法がある。これをバックオフ平滑化（back–off smoothing）という。

　バックオフ平滑化の概略はつぎのとおりである。まず，最尤推定による確率を $P_{\mathrm{ML}}(w|h)$ と書くことにする。このとき

$$P(w|h) = \begin{cases} \beta(h,w) \, P_{\mathrm{ML}}(w|h) & (N(h,w) > 0) \\ \alpha(h) P(w|h') & (N(h) > 0) \\ P(w|h') & (その他) \end{cases} \tag{3.24}$$

として $P(w|h)$ を計算する。ここで，$0 < \beta(h,w) \leqq 1$ は最尤推定確率を小さくするための係数であり，ディスカウントと呼ばれる。h' は単語履歴 h の一番

左にある単語を削除して 1 単語短くした単語履歴である（h が 1 単語の場合，h' は空になる）。また，$0 < \alpha(h) < 1$ はディスカウントによって最尤推定確率から割り引かれた確率量を再配分するための係数であり

$$\alpha(h) = \frac{1 - \displaystyle\sum_{w:N(h,w)>0} \beta(h,w) P_{\mathrm{ML}}(w|h)}{1 - \displaystyle\sum_{w:N(h,w)>0} P(w|h')} \tag{3.25}$$

と計算される。

式 (3.24) からわかるように，$P(w|h)$ を求める際に，$N(h,w) > 0$ であれば，最尤推定による確率を少し小さくしたものを $P(w|h)$ の値とする。$N(h,w) = 0$ であるが $N(h) > 0$ である場合（すなわち，単語履歴は学習コーパスに出現しているが，それにつづいて単語 w が出現していない場合）には，1 単語短い N–gram 確率 $P(w|h')$ を使って確率を推定する。例えば $P(w|h)$ がトライグラム確率である場合には，$P(w|h')$ はバイグラム確率になる。このときの $P(w|h')$ は，$P(w|h)$ の計算と同様にバックオフ平滑化によって求められる。$N(h) = 0$ の場合，すなわち単語履歴自体が出現していない場合には，単語履歴を一つ短くして確率推定を行う。

バックオフ平滑化には，ディスカウントの決め方によってさまざまな変種がある。ここでは，代表的な方法として Katz による **Good–Turing 法**を解説する[2]。この方法は，Good が発表した（A.M. Turing のアイデアによるとされる）Turing の推定式[3]に基づく。自然界で生物の個体数を計測したとき，観測された総個体数が N で，そのうち r 回観測された種の数を n_r とする。このとき，Turing の推定式では，r 回観測された種の（真の）相対頻度の推定値 q_r をつぎのように見積もる。

$$q_r = \frac{r^*}{N} \tag{3.26}$$

$$r^* \approx (r+1)\frac{n'_{r+1}}{n'_r} \tag{3.27}$$

ここで n'_r は n_r を平滑化した値であるが，Katz の論文では $n'_r = n_r$ として

いる。この式によれば，1回以上観測された種の相対頻度の総和は

$$\sum_{r=1}^{\infty} n_r q_r = \frac{1}{N} \sum_{r=1}^{\infty} n_r (r+1) \frac{n_{r+1}}{n_r} = \frac{1}{N} \sum_{r=1}^{\infty} (r+1) n_{r+1}$$

$$= \frac{N - n_1}{N} = 1 - \frac{n_1}{N} \tag{3.28}$$

となり，1よりも n_1/N だけ小さくなる。そこで，この「余った確率」を頻度0の単語列の確率に割り当てる。具体的には，ディスカウントの式はつぎのようになる。

$$\beta(h, w) = 1 - \frac{\{N(h,w) + 1\} n_{N(h,w)+1}}{N(h,w) n_{N(h,w)}} \tag{3.29}$$

ここで $n_{N(h,w)}$ は，h, w と同じ長さの単語列のうち，$N(h, w)$ 回出現したものの種類数である。

　一般に，頻度の高い単語列は種類が少ない傾向があるため，式 (3.29) の右辺第2項の値は1より小さいことが多く，したがって β の値は1未満になる。ただし，$N(h, w)$ が大きくなってくると $n_{N(h,w)}$ が小さくなってくるため，偶然 $n_{N(h,w)+1} > n_{N(h,w)}$ となり，ディスカウントが負になることがある。そこで，ある頻度よりも出現頻度の少ない（したがって種類の多い）単語列の N–gram確率についてのみディスカウントを行い，頻度の多い N–gram ではディスカウントを行わないという方法が使われている。

3.2.3　階層ピットマン・ヨー言語モデル

　現在性能がよいとされている N–gram モデルとして，**階層ピットマン・ヨー言語モデル**（hierarchical Pitman–Yor language model, **HPYLM**）[4] がある。この方法は，**ピットマン・ヨー過程**（Pitman–Yor process）という確率過程（単語が生成される「しくみ」に相当する）に基づいて単語が生成されていると仮定し，つぎのような式によって確率を推定する。

$$P(w|h) = \frac{N(h,w) - d_{|h|} k(h,w)}{N(h) + \mu_{|h|}} + \frac{\mu_{|h|} + d_{|h|} k(h)}{N(h) + \mu_{|h|}} P(w|h') \tag{3.30}$$

この式には，単語列の出現頻度 $N(h, w), N(h)$ の他に，$d_{|h|}, \mu_{|h|}, k(h, w), k(h)$ という量が現れる。$d_{|h|}$ はディスカウントと呼ばれるパラメータで，単語履歴の長さごとに定義される。式 (3.24) のディスカウントとは異なるが，どちらも確率の一定値を割り引いて未観測の単語列に確率を割り振るという意味では同じ役割をもっている。$\mu_{|h|}$ も単語履歴の長さごとに定義されるパラメータで，強度 (strength) と呼ばれる。これも未観測単語列への確率の割り振りを制御する。

　パラメータ k の説明には，考え方のもとになっている**中華料理店過程**（Chinese restaurant process, **CRP**）という確率過程の説明が必要である。簡単のため，単語履歴 $h = \epsilon$（ϵ は空文字列）として，ユニグラム確率を考えよう。

　通常のユニグラム確率では，単語 $w \in \mathcal{V}$ がそれぞれ独立に $P(w)$ で生起すると考える。すなわち，単語を生成させようとしたとき，単語の生成確率 $P(w)$ だけに従って単語を生成する。これに対して，中華料理店過程を考慮した単語生成では，単語生成の際にはまず「テーブル」がある確率で選ばれ，つぎにその「テーブル」から単語が生成される。

　テーブルの選択はつぎのように行われる。無限に広い中華料理店に，食事のための丸テーブルが無限個用意されていると考える。テーブルにはすでに料理店に来ている客が座っていて，つぎに来た客は客がすでにたくさん座っているテーブルに高い確率で座るが，無人のテーブルにもある確率で座る。これまで N 人の客が訪れていて k 個のテーブルに座っており，i 番目のテーブル τ_i には n_i 人の客が座っているとする。$N+1$ 人目の客が来たとき，客がすでに座っているテーブル τ_i を選ぶ確率は

$$P(\tau_i) = \frac{n_i - d}{N + \mu} \tag{3.31}$$

であり，誰もいないテーブル τ_{k+1} を選ぶ確率は

$$P(\tau_{k+1}) = \frac{\mu + dk}{N + \mu} \tag{3.32}$$

と表される。$0 \leqq d < 1$ はディスカウント，$\mu > -d$ は強度である。

　それぞれのテーブルには，単語が割り当てられているとする。テーブル τ_i が

選ばれたとき，そのテーブルに割り当てられた単語が w ならば

$$P(\tau_i, w) = \frac{n_i - d}{N + \mu} \tag{3.33}$$

そうでなければ $P(\tau_i, w) = 0$ である。客のいるテーブルがたくさんあれば，二つ以上のテーブルに同じ単語 w が割り当てられることもありうる。したがって

$$\sum_{i=1}^{k} P(\tau_i, w) = \frac{N(w) - dk(w)}{N + \mu} \tag{3.34}$$

となる。$N(w)$ は w の出現頻度であり，w が割り当てられたテーブルの客数の総和と一致する。また，$k(w)$ は w が割り当てられたテーブルの総数である。

一方，客のいないテーブルを選んだときには，すべての単語が等確率で選ばれていると考え，単語を選ぶ確率は

$$P(\tau_{k+1}, w) = \frac{\mu + dk}{N + \mu} P_0(w) \tag{3.35}$$

$$P_0(w) = \frac{1}{|\mathcal{V}|} \tag{3.36}$$

と表される。そこで，テーブルによらず単語 w が選ばれる確率は

$$P(w) = \sum_{i=1}^{k+1} P(\tau_i, w) = \frac{N(w) - dk(w)}{N + \mu} + \frac{\mu + dk}{N + \mu} P_0(w) \tag{3.37}$$

となる。これは，式 (3.30) において $h = \epsilon$，$P(w|h') = P_0(w)$ と置いた場合に一致する。

バイグラム以上の長さの N–gram 確率の場合には，単語履歴 h ごとに上記の議論と同じ単語生成が起こると仮定する。この場合，ディスカウント $d_{|h|}$ と強度 $\mu_{|h|}$ は単語履歴の長さごとに決まっていると仮定する。一方，テーブルの数は単語履歴そのものに依存し，$k(h, w), k(h)$ などと表される。

$$P(w|h) = \frac{N(h, w) - d_{|h|} k(h, w)}{N(h) + \mu_{|h|}} + \frac{\mu_{|h|} + d_{|h|} k(h)}{N(h) + \mu_{|h|}} P(w|h') \tag{3.38}$$

ここまでの議論は，パラメータ $d_{|h|}, \mu_{|h|}$ が確定しているとして，N 単語がすでに生成された上で $N+1$ 単語目を生成する過程についてのものであった。一

方，言語モデルを学習するときにはパラメータを推定しなければならない。また，言語モデルを利用するときには，確率 $P(w|h)$ は一定値であって，単語が生成されるごとに確率が変化するわけではない。そのため，k をどうやって決めたらよいかという問題がある。これらの値を効率よく推定するアルゴリズムは知られていないため，サンプリング（シミュレーション）によってこれらの値を推定する。

3.2.4　*N*–gram モデルの適応

N–gram モデルのパラメータを推定する際には学習コーパスからの統計を利用する。このとき，学習コーパスの中での単語出現確率に近い確率が算出できるようにパラメータを推定するわけだが，これは認識したい音声の言語的な出現のパターンが学習コーパスと同じであることを前提としている。例えば日本語の認識をする場合には，日本語のコーパスを学習に利用する。しかし，同じ日本語であっても，場合によってその単語の出現のパターンが大きく異なる場合がある。例えば，新聞記事と会話では，使われる単語もパターンも大きく異なる。このような，言語の表現している内容や情報源などを**ドメイン**と呼ぶ。あるドメインの学習コーパスで学習した言語モデルは，別なドメインの言語データに対してはよい確率推定にならないことがあり，これを**ドメイン依存性**という。

音声認識の目標となるドメインがあらかじめわかっていれば，そのドメインの言語コーパスを使って言語モデルを学習するのが最もよい方法である。しかし，場合によっては，目的のドメインの十分な量の言語コーパスが得られない場合がある。このような場合に，少量の目的ドメインのコーパスと，それ以外のドメインの大量のコーパスを合わせることによって，目標ドメインに近くてかつ頑健な言語モデルを推定しようという方法がある。このような方法を**言語モデルの（ドメイン）適応**と呼ぶ。

〔1〕　**コーパスの混合と言語モデル混合**　　言語モデルの適応にはいくつかの種類がある。一つ目は，目的ドメインの少量データと，それ以外の大量データを組み合わせて言語モデルをつくる方法である。前述のように言語モデルは

学習データのドメインの影響を受けるが，学習データには同時にドメインに依存しない部分もあるはずであり（例えば日本語の基本的な構造など），その部分を大量データから得ながら，目的ドメインの少量データからドメイン依存の情報をうまく得ることが目標になる。

最も単純で効果も比較的高いのがコーパス自体を混合する方法である。この方法では，目的ドメインの少量のコーパス $\mathcal{D}_T$ と，目的ドメインではない大量のコーパス $\mathcal{D}_G$ を組み合わせて確率を推定する。コーパス $\mathcal{D}$ での単語列 s の出現頻度を $N(s, \mathcal{D})$ とすれば

$$N(s) = N(s, \mathcal{D}_G) + kN(s, \mathcal{D}_T) \tag{3.39}$$

として出現頻度を計算し，この出現頻度を使って N–gram 確率を推定する。k は倍率であり，通常は少量コーパスに大きい倍率を掛ける。最適な倍率を決めることは難しく，通常は実験的に最適な k を決める。

もう一つの方法は，二つのコーパスからそれぞれ N–gram を学習し，その確率を混合するものである。コーパス $\mathcal{D}_G$ から学習した N–gram モデル $\mathcal{M}_G$ による N–gram 確率を $P(w|h, \mathcal{M}_G)$，コーパス $\mathcal{D}_T$ から学習した N–gram モデル $\mathcal{M}_T$ による N–gram 確率を $P(w|h, \mathcal{M}_T)$ とすれば，両者のコーパスからの確率を組み合わせた確率は

$$P(w|h) = \lambda P(w|h, \mathcal{M}_T) + (1 - \lambda)P(w|h, \mathcal{M}_G) \tag{3.40}$$

と表すことができる。$0 \leq \lambda \leq 1$ は確率混合のための係数であり，平滑化のときと同じく削除補間法によって求めることができる。

〔2〕 混合言語モデル　　入力音声のドメインが，あらかじめ用意しておいた複数のドメインのどれかであることが期待できる場合には，複数のドメインそれぞれで言語モデルをつくっておいて，後からそれぞれのドメインの重みを推定する方法がある。例えば，J 種類のドメインからそれぞれ作成した言語モデルを $\mathcal{M}_1, \ldots, \mathcal{M}_J$ とすると，目的のドメインのテキストを $\mathcal{D}$ として

$$P(w|h, \mathcal{D}) = \sum_{j=1}^{J} \lambda_j(\mathcal{D})P(w|h, \mathcal{M}_j) \tag{3.41}$$

のように表すことができる。ここで $0 \leqq \lambda_j(\mathcal{D}) \leqq 1$ は各ドメインの重みであり

$$\sum_{j=1}^{J} \lambda_j(\mathcal{D}) = 1 \tag{3.42}$$

である。また，それぞれの $\lambda_j(\mathcal{D})$ は，$\mathcal{D}$ の生成確率が最大になるように最適化される。

〔**3**〕　**教師なし言語モデル適応**　　前述の方法は，あらかじめ入力音声のドメインがわかっていて，しかもそのドメインのコーパスが（少量でも）手に入ることを前提としている。しかし，入力音声のドメインは実際に入力されるまでわからない，ということも少なくない。そのような場合には**教師なし言語モデル適応**が使われる。

入力音声がある程度の長さ（数分〜数十分）であると仮定できるならば，その音声の中にはドメインに依存した単語やいい回しが相当数含まれていると期待できる。また，ドメインに依存した単語は音声中に何回か出現するかもしれない。そこで，一度音声を（ドメイン非依存の言語モデルを使って）認識し，認識結果を目的ドメインのコーパスとみなして言語モデル適応を行う。このような方法は，目的となるドメインが未知であるため，機械学習における教師なし学習に相当することから，「教師なし言語モデル適応」と呼ばれる。

教師ありの言語モデル適応と同様に，認識結果をそのまま学習データとして，ドメイン非依存のコーパスと合わせて言語モデルを再学習することも可能であるが，認識結果には認識誤りも含まれており，そのままでは悪影響もある。そこで，認識結果の情報を利用しつつ，認識誤りによる悪影響を受けにくい適応手法がいくつか開発されている。

教師なし言語モデル適応において，適応のためのデータ量を増やす方法として，Web 検索などの外部資源を使う方法がある。まず入力音声をドメイン非依存言語モデルで認識して，そこからキーワードを抽出して Web 検索によって文書を取得する。取得された文書には，入力音声と関係のあるドメインの文書が入っている可能性が高いので，それを新たな目的ドメインコーパスとして利用し，言語モデルの適応を行う。

3.3　統計的言語モデルの評価

3.3.1　パープレキシティ

　統計的言語モデルのよさを測るにはどのような方法があるだろうか。最も明らかな方法は，その言語モデルを使って実際に音声認識をしてみて，認識精度が高くなるかどうかを見ればよい。しかし，この方法は認識対象音声や音響モデルにも依存するので，言語モデルの性能だけを測るには適さない面もある。また，認識実験は一般に計算量が多いので，大量のデータを使った実験がやりにくい。そこで，言語モデルだけを測る指標として，**パープレキシティ**（perplexity）が広く用いられている。

　言語モデルの学習に使わなかったデータ（評価データ）$W = w_1, \ldots, w_n$ を用意する。言語モデル $\mathcal{M}$ を用意し，$\mathcal{M}$ を使って W の生成確率を推定する。その対数を $L(W, \mathcal{M})$ としよう。

$$L(W, \mathcal{M}) = \log_2 P(W|\mathcal{M}) = \log_2 P(w_1, \ldots, w_n|\mathcal{M}) \tag{3.43}$$

L を単語数で割り，負号を付けた値 H を真数に戻したものがパープレキシティ PP である。

$$H = -\frac{1}{n}L(W, \mathcal{M}) = -\frac{1}{n}\sum_{i=1}^{n} \log_2 P(w_n|w_1, \ldots, w_{n-1}, \mathcal{M}) \tag{3.44}$$

$$PP = 2^H \tag{3.45}$$

H は1単語当りのエントロピーである。これは対数確率に負号を付けたものなので正の値であり，確率が高いほど H の値は小さくなる。同じように，確率が高くなるほどパープレキシティ PP の値は小さい。

　H と PP は対数か真数かだけの違いなので，どちらを使っても情報は同じである。パープレキシティがよく使われるのは，その値が解釈しやすいためである。パープレキシティの値は，その言語モデルで平均的に何種類の単語が予測されるかに対応すると解釈される。もし語彙のサイズが $|\mathcal{V}|$ である際に，モデル $\mathcal{M}$ が一様分布だとしたら，すべての単語について $P(w|\mathcal{M}) = 1/|\mathcal{V}|$ であ

る。このとき

$$L(W, \mathcal{M}) = \log_2 P(w_1, \ldots, w_n | \mathcal{M}) = \log_2 \prod_{i=1}^{n} \frac{1}{|\mathcal{V}|}$$

$$= -n \log_2 |\mathcal{V}| \tag{3.46}$$

$$H = -\frac{1}{n} L(W, \mathcal{M}) = \log_2 |\mathcal{V}| \tag{3.47}$$

$$PP = 2^H = |\mathcal{V}| \tag{3.48}$$

となって，パープレキシティは語彙サイズに一致する。したがって，もし語彙サイズ 10 000 の言語モデルのパープレキシティが 10 であったとすると，その言語モデルは語彙サイズ 10 の一様分布のモデルと同程度の予測能力をもっていることになる。

3.3.2　補正パープレキシティ

　パープレキシティを算出する際には，語彙が固定であることが前提になる。これはあらかじめ語彙を固定する必要がある音声認識システムの要請と合っているといえる。ところで，もし音声認識の対象が語彙にない単語（**未知語**）をたくさん含んでいたとすると，それらの未知語は認識できないので，音声認識の精度は下がることになる。一方，言語モデルで確率を算出するときには，未知語は 1 個のシンボルに対応させることが多い。そのため，パープレキシティを評価するときには，未知語が多ければ多いほど未知語シンボルの確率が上がり，全体のパープレキシティが下がるという現象が起きる。これは音声認識の性能を予測するときには都合が悪いので，未知語の出現頻度によってパープレキシティを補正する方法が発明された。

　評価用コーパス W の中に，R_u 種類の未知語が合わせて N_u 回出現したとする。通常のパープレキシティの計算では，R_u 種類の未知語はすべて一つの未知語シンボルの確率 $P(w_{\text{unk}}|h)$ として計算される。しかし実際には未知語は R_u 種類あるので，本当の未知語の確率は平均的に $P(w_{\text{unk}}|h)/R_u$ となるはずである。確率を R_u で割る補正は全部で N_u 回起こるので，これを補正した対数確

率 $L_A(W, \mathcal{M})$ は

$$L_A(W, \mathcal{M}) = \log_2 \left[\left\{ \prod_{i=1}^{n} P(w_i|w_1, \ldots, w_{i-1}, \mathcal{M}) \right\} \frac{1}{R_u^{N_u}} \right]$$

$$= \sum_{i=1}^{n} \log_2 P(w_i|w_1, \ldots, w_{i-1}, \mathcal{M}) - N_u \log_2 R_u \quad (3.49)$$

となる。したがって，未知語の確率を補正したパープレキシティ（補正パープ
レキシティ）APP はつぎのように計算できる。

$$H_A = -\frac{1}{n} L_A(W, \mathcal{M}) = H + \frac{N_u}{n} \log_2 R_u \quad (3.50)$$

$$APP = 2^{H_A} = PP \cdot R_u^{N_u/n} \quad (3.51)$$

式 (3.50) からわかるように，補正パープレキシティを求める際には，それぞれ
の確率計算のときに値を補正する必要はなく，未知語の種類数と出現頻度がわ
かれば，後から補正することが可能である。

3.4　頑健性の向上

3.4.1　クラス N–gram

ここまでは，言語は単語列 $W = w_1, \ldots, w_n$ で表現され，単語と履歴に基づ
いて確率の計算をしていた。これに対して，単語を「クラス」すなわち複数の
単語からなるグループに分け，グループの連鎖確率から単語の出現確率を推定
する方法がある。これをクラス N–gram という[5]。

　典型的なクラスは品詞である。例えば，「西麻布/の」という単語列の出現確
率を考えるときに，「西麻布」という単語が学習コーパスに出現しなかったか，
あるいは出現頻度が非常に小さければ，その後に「の」がどの程度出現しやす
いかを推定することは難しい。しかし，「西麻布」が固有名詞であり，固有名詞
の後に「の」が出現する確率が高いことがわかっていれば，「西麻布」の後に
「の」が出現しやすいであろうという推測が可能になる。このように，クラス
N–gram は出現頻度の少ない単語（極端な場合には出現頻度 0 の単語）の連鎖

確率が頑健に推定できるというメリットがある。しかし一方，クラスが同じであれば連鎖確率は同じになってしまうので，隣り合う単語の組合せによる出現頻度の違いを表現することができなくなり，確率の推定精度は下がる。例えば「東京」と「大阪」がどちらも地名で，「都内」，「府内」がどちらも接尾辞だとしたら，「東京/都内」と「大阪/都内」という単語連鎖での「都内」の出現確率はどちらも同じになる。

〔1〕 **定式化**　クラス N–gram の定式化を考える。語彙を $\mathcal{V}$ とし，語彙がいくつかのクラス $\mathcal{C} = \{C_1, \ldots, C_{|\mathcal{C}|}\}$ に分割できると考えてみよう。ここで，$C_j \subset \mathcal{V}$，$j \neq k$ ならば $C_j \cap C_k = \emptyset$，かつ $C_1 \cup C_2 \cup \cdots \cup C_{|\mathcal{C}|} = \mathcal{V}$ とする。

　語彙に含まれる任意の単語 $w \in \mathcal{V}$ について，それが属するクラス $C(w) \in \mathcal{C}$ が一意に決まる。そこで，単語列 $W = w_1, \ldots, w_n$ について，単語 w_i のクラスを $c_i = C(w_i)$ とする。すると，単語列 $w_1, \ldots, w_n$ に対応するクラス列 $c_1, \ldots, c_n$ を考えることができる。

　さて，改めてクラス N–gram での単語生成の「しくみ」を考えてみよう。単語 N–gram では，単語履歴 $w_{i-N+1}, \ldots, w_{i-1}$ が与えられたときに，それに依存してつぎの単語 w_i の出現確率が決まるのであった。これに対して，クラス N–gram では，クラス履歴 $c_{i-N+1}, \ldots, c_{i-1}$ に依存して現在のクラス c_i の出現確率がまず決まり，つぎに出現したクラスに依存して単語の出現確率が決まる，という2段階のプロセスを想定する。式で書けばつぎのようになる。

$$P(W) = \prod_{i=1}^{n} P(c_i|c_{i-N+1}, \ldots, c_{i-1}) P(w_i|c_i) \tag{3.52}$$

この式のうち，$P(c_i|c_{i-N+1}, \ldots, c_{i-1})$ はクラスの N–gram 確率であり，前節で説明した単語 N–gram 確率と同様に求めることができる。また，$P(w_i|c_i)$ はクラスごとのユニグラム確率であり，最尤推定による推定値は

$$P(w|c) = \frac{N(w)}{\displaystyle\sum_{w' \in c} N(w')} \tag{3.53}$$

によって求めることができる。

クラス N–gram では，クラスをどう設定するかが問題となる。前述のように，品詞を使うのは一つの方法である。品詞を使えば，$P(w|c)$ を平滑化によってうまく推定することにより，学習コーパスに出現しない単語の N–gram 確率もうまく求めることができる。しかし，品詞を使う方法には問題点もある。一つは，一つの単語が二つ以上の品詞に属することがあるという問題である。例えば「みる」という単語は，動詞でもあり（「映画をみる」）また補助動詞でもある（「料理を味見してみる」）。このような場合は，「一つの単語が複数のクラスに属する」というモデル化と，「クラスごとに別な単語だと考える」というモデル化がありうる。前者では，「$i \neq j$ ならば $C_i \cap C_j = \emptyset$」という制約を外し，一つの単語が複数のクラスに属してもよいことにする。この場合，各単語に対応するクラスが一意に決まらないので，履歴にある単語に対してすべてのクラスの可能性を考慮する必要がある。確率計算は

$$P(W) = \prod_{i=1}^{n} \sum_{c_{i-N+1}} \cdots \sum_{c_i} P(c_i|c_{i-N+1}, \ldots, c_{i-1}) P(w_i|c_i) \quad (3.54)$$

のようになる。これは音響モデルでの隠れマルコフモデルの計算と同じであり，前向き・後ろ向きアルゴリズム（2.1.5 項〔2〕参照）による確率計算が必要になる。もう一つの方法は，同じ単語を品詞ごとに別単語とみなす方法である。例えば，「みる」の単語シンボルを「みる＋動詞」，「みる＋補助動詞」のような形にして，一つの単語シンボルは必ず一つのクラスに属するようにする。この方法は単純であるが，実現が容易であるため，広く使われている。この方法を使うためには，学習コーパスを単語に分割する際に，あらかじめ形態素解析によって単語境界と各単語の品詞とを推定しておいて，単語シンボルとクラスシンボルを組み合わせて新たな単語シンボルとする。

〔2〕 **クラスの定義と単語クラスタリング** 品詞をクラスとする方法は直観的であるが，言語モデルの性能を上げるという点からいうと最適とはいえない。そこで，言語モデルの性能が高くなるようにクラスを自動設計する方法が使われる。これを**単語クラスタリング**という。

数多くの単語クラスタリングアルゴリズムが提案されているが，ここでは最

も基本的な方法を紹介する[6])。この方法では，最初に単語を適当にクラス分けしておいて，性能が上がるように単語のクラスの変更を繰り返す。アルゴリズムの概略を図 **3.3** に示す。ここでいう「性能」は言語モデルのよさを測る指標であり，文献 6) ではパープレキシティが使われている。

```
クラスの数を決める
すべての単語をどれかのクラスに割り当てる
停止基準が満たされるまで下記を繰り返す
    すべての単語 w について
        すべてのクラス c ∈ C について
            w のクラスを C(w) から c に変更し，性能を測る
        w のクラスを最も性能の良いクラスに変更する
```

図 **3.3**　単語クラスタリングアルゴリズム

3.4.2　トピックモデル

単語を抽象化して捉える言語モデルとして，**潜在変数**（latent variable）をもつ言語モデルがある。本項では，潜在変数をもつ言語モデルとして代表的な方法である**トピックモデル**（topic model）について説明する。

トピックモデルは，話題（topic）を表す潜在変数をもつ言語モデルであり，「ある文書は複数の異なる潜在的な話題によって構成されている」という考え方を導入している。例えば，新聞という文書であれば，経済，芸能，スポーツの話題などの複数の話題から構成されているだろう。その中で，「オリンピック」という単語は，スポーツの話題ではもちろん使われるが，経済の話題においても「オリンピックによる経済効果」といった文脈でも使われ得るし，芸能の話題においても「芸能人によるオリンピック宣伝」といった文脈でも使われ得る。すなわち，「オリンピック」という単語の話題は一意には定められるものではない。トピックモデルでは，単語の生成確率を計算する際に，さまざまな話題から単語が生成し得ることを考慮することができ，これにより頑健性を向上させることができる。

〔**1**〕　**定式化**　　ユニグラムのトピックモデルとして代表的な手法である**確率的潜在意味解析**（probabilistic latent semantic analysis，**PLSA**）[7]）と，潜

在的ディリクレ配分 (latent Dirichlet allocation, **LDA**)[8] を説明する。具体的には最尤推定によってモデル化されるユニグラムのトピックモデルのことを，確率的潜在意味解析と呼んでいる。一方，潜在的ディリクレ配分は，確率的潜在意味解析をベイズ推定によりモデル化した言語モデルである。

ユニグラムのトピックモデルでは，文書ごとに話題の生成確率が異なるという考え方を導入する。ここで，話題 z が文書 d から生成する確率を $P(z|d)$ とおく。また，話題ごとに単語の生成しやすさは異なるので，単語 w が話題 z から生成する確率を $P(w|z)$ とおく。このとき，確率的潜在意味解析における文書 d 内の単語列 $W_d = w_1, \ldots, w_n$ の生成確率は

$$P(W_d) = \prod_{i=1}^{n} P(w_i|d) = \prod_{i=1}^{n} \sum_{z \in \mathcal{Z}} P(w_i|z)P(z|d) \tag{3.55}$$

と計算できる。ここで，$\mathcal{Z}$ は話題の集合である。確率的潜在意味解析の学習では，$P(z|d)$ および $P(w|z)$ を最尤推定により最適化する。この推論は，EM アルゴリズムにより実現できる。

一方，潜在的ディリクレ配分における文書 d 内の単語列 $W_d = w_1, \ldots, w_n$ の生成確率は，文書 d が話題を生成するディリクレ分布のパラメータを θ_d として

$$P(W_d) = \int_{\theta_d} P(\theta_d|\alpha) \prod_{i=1}^{n} P(w_i|\theta_d) \mathrm{d}\theta_d$$

$$= \int_{\theta_d} P(\theta_d|\alpha) \prod_{i=1}^{n} \sum_{z \in \mathcal{Z}} P(w_i|z)P(z|\theta_d) \mathrm{d}\theta_d \tag{3.56}$$

と計算できる。ここで α は θ_d の事前分布のパラメータである。潜在的ディリクレ配分の学習は，**変分ベイズ推定**や**ギブスサンプリング**により推定できる。

〔2〕 **トピックモデルを用いた適応**　　トピックモデルにおける $P(w|z)$ は文書に依存しないパラメータである一方，$P(z|\theta_d)$ は文書ごとに異なるパラメータである。そこで，前者のパラメータを固定して，後者のパラメータのみ適応対象の文書から推定することにより，適応対象に特化したユニグラムモデルを

得ることができる。例えば，適応を行いたいドメインの文書や，対象音声の音声認識結果を用いることで適応化を行うことが可能である。

　トピックモデルにより適応したユニグラムモデルのみでは，音声認識に用いることはできないため，N–gram モデルと組み合わせることが一般的である。そのための方法として，**ユニグラムリスケーリング**（unigram rescaling）が広く利用されている[9]。ユニグラムリスケーリングでは，適応前の言語モデル $P_0(w|h)$ を用いて，適応化された N–gram モデル $P_A(w|h)$ を

$$P_A(w|h) = \frac{\tau(w)P_0(w|h)}{Z(h)} \tag{3.57}$$

と推定する。ここで，$Z(h)$ は確率の総和が 1 となるようにするための正規化項，$\tau(w)$ はスケーリング項であり

$$\tau(w) = \left\{ \frac{P(w|d)}{P_0(w)} \right\}^{\mu} \tag{3.58}$$

である。なお，μ はリスケーリングの度合いを調整するチューニング項である。実際の N–gram モデルは，式 (3.24) のとおりバックオフ平滑化を行った**バックオフ N–gram モデル**として表されるため，確率の総和が 1 となるようにするためにはさらなる工夫が必要である。そのための制約として，バックオフ N–gram モデル内のエントリとして観測可能な単語 w とそのコンテキスト h の組 (h, w) について

$$\sum_{w:(h,w)} P_A(w|h) = \sum_{w:(h,w)} P_0(w|h) \tag{3.59}$$

となるように，適応後のバックオフ N–gram モデルを推定することが一般的である。このとき，適応後のバックオフ N–gram モデルは

$$P_A(w|h) = \begin{cases} \dfrac{\tau(w)}{Z(h)} P_0(w|h) & ((h, w) \text{ が存在}) \\ B(h)P_0(w|h') & (\text{その他}) \end{cases} \tag{3.60}$$

と計算できる。ここで h' は h の一番左にある単語を削除して 1 単語短くした単語履歴である。$Z(h)$ は言語モデル内にエントリが存在する部分について，適

応前と適応後で一定に保つための正規化項であり

$$Z(h) = \frac{1 - \displaystyle\sum_{w:(h,w)} \tau(w)P_0(w|h)}{\displaystyle\sum_{w:(h,w)} P_0(w|h)} \tag{3.61}$$

と計算できる。また，$B(h)$ はバックオフ重みであり

$$B(h) = \frac{\displaystyle\sum_{w:(h,w)} P_0(w|h)}{1 - \displaystyle\sum_{w:(h,w)} P_{\mathrm{A}}(w|h')} \tag{3.62}$$

と計算できる。なお，適応後のバックオフ N–gram モデルを適応前のバックオフ N–gram モデルの代わりに用いることで，繰り返し適応化することができる。

3.4.3　最大エントロピー言語モデル

最大エントロピー言語モデル（maximum entropy language model, **MELM**）は，最大エントロピー法に基づく言語モデルのことを表す[10]。最大エントロピー法は，入力ベクトルが離散素性の特徴ベクトルである場合に，エントロピー最大化基準でのモデル化を行う方法であり，**対数線形モデル**（log linear model）や**多項ロジスティック回帰**（multinomial logistic regression）と等価なモデル化である。最大エントロピー言語モデルでは，単語履歴 h から単語 w についての予測確率分布を，単語 w と単語履歴 h の組から構成される離散素性の特徴ベクトル $\boldsymbol{\phi}(h,w)$ をもとに算出する。すなわち，単語列 $W = w_1, \ldots, w_n$ の生成確率 $P(W)$ を

$$P(W) = \prod_{i=1}^{n} P_{\mathrm{ME}}(w_i|h_i) \tag{3.63}$$

$$P_{\mathrm{ME}}(w_i|h_i) = \frac{\exp\{\boldsymbol{\lambda}^{\top}\boldsymbol{\phi}(h_i,w_i)\}}{\displaystyle\sum_{w'\in\mathcal{V}} \exp\{\boldsymbol{\lambda}^{\top}\boldsymbol{\phi}(h_i,w')\}} \tag{3.64}$$

として予測確率分布を計算する。このとき特徴ベクトル $\boldsymbol{\phi}(h,w)$ は

$$\boldsymbol{\phi}(h, w) = \begin{bmatrix} \phi_1(h, w) \\ \phi_2(h, w) \\ \vdots \end{bmatrix} \tag{3.65}$$

として表され，離散素性であればさまざまな特徴量を組み合わせて利用することができる。最も一般的な特徴量は N–gram 特徴量であり，コンテキストと単語の組ごとに次元を準備して，対象の部分のみ 1，それ以外は 0 とした特徴ベクトルを構成する。例えば（英語の場合），"this is" という単語列に対応する素性は

$$\phi_{\text{this is}}(h, w) = \begin{cases} 1 & (h = \text{"this"} \text{ かつ } w = \text{"is"}) \\ 0 & (\text{その他}) \end{cases} \tag{3.66}$$

のようになる。このような素性を，すべての単語の組合せの種類だけ用意する。すなわち，特徴ベクトルの要素数は非常に大きくなる。$\boldsymbol{\lambda}$ はモデルパラメータであり，特徴ベクトルと同じだけの要素数をもつベクトルである。このモデル化では，$\exp\{\boldsymbol{\lambda}^\top \boldsymbol{\phi}(h, w)\} > 0$ であるため，任意の $P_{\text{ME}}(w|h)$ について 0 でない確率値を与えることができる。学習手法は複数提案されているが，Generalized Iterative Scaling 法が代表的である。

　最大エントロピー言語モデルは，長距離のコンテキストを考慮するモデル化も容易であり，関連性が高い二つ組の単語を捉えるモデル化は，**トリガー言語モデル**（trigger language model）と呼ばれている。

　また，最大エントロピー言語モデルにクラスを導入した拡張として，**モデルエム**（model M）が有名である[11]。モデルエムは，クラスに対する最大エントロピー言語モデルと単語に対する最大エントロピー言語モデルを内包しており，単語列 $W = w_1, \ldots, w_n$ の生成確率 $P(W)$ を

$$P(W) = \prod_{i=1}^{n} P_{\text{M}}(c_i | c_{i-N+1}^{i-1}, w_{i-N+1}^{i-1}) P_{\text{M}}(w_i | w_{i-N+1}^{i-1}, c_i) \tag{3.67}$$

$$P_{\mathrm{M}}(c_i|c_{i-N+1}^{i-1}, w_{i-N+1}^{i-1}) = \frac{\exp\{\boldsymbol{\lambda}_{\mathrm{c}}^{\top}\boldsymbol{\phi}(c_i|c_{i-N+1}^{i-1}, w_{i-N+1}^{i-1})\}}{\displaystyle\sum_{c_i'\in\mathcal{C}}\exp(\boldsymbol{\lambda}_{\mathrm{c}}^{\top}\boldsymbol{\phi}(c_i', c_{i-N+1}^{i-1}, w_{i-N+1}^{i-1}))}$$

(3.68)

$$P_{\mathrm{M}}(w_i|w_{i-N+1}^{i-1}, c_i) = \frac{\exp\{\boldsymbol{\lambda}_{\mathrm{w}}^{\top}\boldsymbol{\phi}(w_i|w_{i-N+1}^{i-1}, c_i)\}}{\displaystyle\sum_{w_i'\in\mathcal{V}}\exp\{\boldsymbol{\lambda}_{\mathrm{w}}^{\top}\boldsymbol{\phi}(w_i', w_{i-N+1}^{i-1}, c_i)\}}$$

(3.69)

と計算する。ここで，c_t は単語 w_t のクラスを表し，c_{i-N+1}^{i-1} は $c_{i-N+1}\cdots c_{i-1}$ を表す（w_{i-N+1}^{i-1} も同様）。また，$\boldsymbol{\lambda}_{\mathrm{c}}, \boldsymbol{\lambda}_{\mathrm{w}}$ はモデルパラメータを表す。モデルエムでは，$\boldsymbol{\phi}(c_i, c_{i-N+1}^{i-1}, w_{i-N+1}^{i-1})$ および $\boldsymbol{\phi}(w_i, w_{i-N+1}^{i-1}, c_i)$ において，単語とクラスの両者の情報を用いた特徴ベクトルを構成することにより，単語予測の頑健性を高めている。

3.5　識別的言語モデル

　一般的な言語モデルでは，音声認識誤りが含まれない単語系列から正解単語らしさを確率モデルとしてモデル化したが，音声認識誤りを含む単語列はどんな単語列であるかという観点を含めたモデル化は行われていない。この観点において，音響モデルと同様に識別的アプローチを導入したモデル化を行う言語モデルが，**識別的言語モデル**（discriminative language model, **DLM**）である。

　識別的言語モデルは二つの側面をもつといえる。一つ目は，音声認識誤りのモデル化である。音声認識誤り文がどんな単語列であるかを陽にモデル化することにより，音声認識誤りを含まない単語列をモデル化するのみでは扱えない情報を，モデル化することが可能である。二つ目は，音声認識の全体最適化である。通常の音声認識では，音響モデルのスコアと言語モデルのスコアから最尤単語系列を決定するが，各モデルは独立に学習されているため，システム全体として音声認識をするために最適なモデル化を行えているとはいえない。これに対して，識別的言語モデルは，音響モデルや言語モデルのスコアなど多角的な観点から，システム全体を再評価できる。

なお，識別的言語モデルは一般的にデコーダの後段でリスコアリングのために用いられる。そのため，しばしば**誤り訂正言語モデル**（error corrective language model，**ECLM**）とも呼ばれる。

〔**1**〕**問題設定**　入力音声を X，その音声認識仮説を W とした際に抽出可能な素性ベクトルを $\phi(W, X)$ と表す。識別的言語モデルは，この素性ベクトルに対してモデルパラメータ θ に従い，スコア $S(\phi(W, X); \theta)$ を求める機能をもつ。デコーダの後段で利用する場合，デコーダが生成する音声認識仮説の各単語列に対して，素性ベクトルに含まれる各観点を統合的に見てスコアを付与し，最大スコアを与える単語列 $\hat{W}$ を探索する問題として定式化される。

$$\hat{W} = \underset{W \in \mathcal{L}(X)}{\mathrm{argmax}} \, S(\phi(W, X); \theta) \tag{3.70}$$

ここで $\mathcal{L}(X)$ は，入力音声 X についてのデコーダの音声認識仮説を表す。このような仮説の例として，デコーダによる上位 n 個の認識結果を列挙したリストである N–best リスト（1.5.2 項〔1〕参照）が挙げられる。

上述の素性ベクトルには，さまざまな特徴を利用することができる。代表的な素性は，**N–gram 頻度**である。また，言語スコアや音響スコアも含めることにより，直接音声認識の全体最適化を行うことが可能である。また，単語列の単語数や音素数，発話長など，柔軟な素性ベクトル設計も可能である。

識別的言語モデルでは，$S(\phi(W, X); \theta)$ を線形モデルか対数線形モデルを用いてモデル化することが一般的である。また，そのモデルパラメータ θ は，音声認識仮説である N–best リストと正解単語列の組から学習する。

〔**2**〕**線形モデルに基づく識別的言語モデル**　線形モデルに基づく識別的言語モデルは，スコア関数を素性ベクトルについての線形モデル

$$S(\phi(W, X); \theta) = \boldsymbol{\lambda}^\top \phi(W, X) \tag{3.71}$$

として設計する。ここで，モデルパラメータ θ は重みベクトル $\boldsymbol{\lambda}$ に一致する。

線形モデルに基づく識別言語モデルの学習では，正解単語列に対して高いスコアが付与されるようにモデルパラメータを決定する。ここでは代表的な方法

として，パーセプトロンを用いた方法を紹介する[12]。パーセプトロンによる学習では，ランダムで初期化された重みベクトル $\boldsymbol{\lambda}_0$ について，学習データを用いて反復更新する。ここで，学習用の音声コーパスを $\mathcal{D} = \{X_1, \ldots, X_{|\mathcal{D}|}\}$ とすると，識別的言語モデルの学習データ $\mathcal{D}_{\mathrm{DLM}}$ は

$$\mathcal{D}_{\mathrm{DLM}} = \{(\mathcal{L}(X_1), \bar{W}_1), \ldots, (\mathcal{L}(X_{|\mathcal{D}|}), \bar{W}_{|\mathcal{D}|})\} \tag{3.72}$$

と定義できる。ここで $\bar{W}_i$ は X_i の正解の単語列である。

パーセプトロンの学習では，学習データ中の各サンプルに対して現在の重みベクトルを用いて最初に代表仮説を決定する。j 回目の反復更新において，学習データ中の i 番目のデータに対する代表仮説 $\hat{W}_i$ を

$$\hat{W}_i = \operatorname*{argmax}_{W_i \in \mathcal{L}(X_i)} \boldsymbol{\lambda}_{j-1}^{\top} \boldsymbol{\phi}(W_i, X_i) \tag{3.73}$$

と決定する。重みベクトルは，$\boldsymbol{\phi}(\bar{W}_i, X_i) - \boldsymbol{\phi}(\hat{W}_i, X_i) > 0$ の場合のみに

$$\boldsymbol{\lambda}_j = \boldsymbol{\lambda}_{j-1} + \eta\{\boldsymbol{\phi}(\bar{W}_i, X_i) - \boldsymbol{\phi}(\hat{W}_i, X_i)\} \tag{3.74}$$

と更新する。ここで η は，学習の更新を調整するハイパーパラメータである。

〔3〕 **対数線形モデルに基づくモデル化**　　対数線形モデルに基づく識別的言語モデルでは，次式に従い $S(\boldsymbol{\phi}(W, X); \theta)$ を

$$S(\boldsymbol{\phi}(W, X); \theta) = \frac{\exp\{\boldsymbol{\lambda}^{\top} \boldsymbol{\phi}(W, X)\}}{\sum_{W'} \exp\{\boldsymbol{\lambda}^{\top} \boldsymbol{\phi}(W', X)\}} \tag{3.75}$$

とモデル化する。ここで，右辺は W についての確率を計算していることに相当し，$S(\boldsymbol{\phi}(W, X); \theta)$ は $P(W|X, \theta)$ として解釈できることに注意されたい。

つぎに，式 (3.72) の学習データが得られた場合の対数線形モデルの学習について述べる。対数線形モデルの学習には，さまざまな学習基準が提案されているが，ここでは代表的な方法として，**大域的条件付き対数線形モデル**（global conditional log–linear model, **GCLM**），および**エラー最小化学習**（minimum error rate training, **MERT**）について説明する[13]。

大域的条件付き対数線形モデルによるパラメータ推定では，出力が確率として解釈できることを直接利用して，学習データに対する負の対数尤度を最小化するように

$$\hat{\boldsymbol{\lambda}} = \underset{\boldsymbol{\lambda}}{\text{argmin}} - \sum_{i=1}^{|\mathcal{D}|} \log \frac{\exp\{\boldsymbol{\lambda}^\top \boldsymbol{\phi}(\bar{W}_i, X_i)\}}{\sum_{W_i' \in \mathcal{L}(X_i')} \exp\{\boldsymbol{\lambda}^\top \boldsymbol{\phi}(W_i', X_i')\}} \tag{3.76}$$

とモデルパラメータを最適化する。大域的条件付き対数線形モデルの学習では，学習データに対する対数尤度は最適化されるものの，音声認識誤りを最小化するような学習にはなっていないことに注意されたい。

一方，エラー最小化学習では，音声認識誤りを最小化することを目的関数として最適化を行う。すなわち，エラー最小化学習ではモデルパラメータを

$$\hat{\boldsymbol{\lambda}} = \underset{\boldsymbol{\lambda}}{\text{argmin}} \sum_{i=1}^{|\mathcal{D}|} \frac{\sum_{W_i \in \mathcal{L}(X_i)} E(W) \exp\{\boldsymbol{\lambda}^\top \boldsymbol{\phi}(W_i, X_i)\}}{\sum_{W_i' \in \mathcal{L}(X_i')} \exp\{\boldsymbol{\lambda}^\top \boldsymbol{\phi}(W_i', X_i')\}} \tag{3.77}$$

と決定する。ここで，$E(W)$ は単語列 W の重要度であり，単語誤り率を表す。

3.6 ニューラルネットワーク・深層学習の利用

本節では，ニューラルネットワーク言語モデル（neural network language model, **NNLM**）について説明する。言語モデルへのニューラルネットワークの適用は 1990 年代ごろから存在し，単語カテゴリを予測するニューラルネットワーク言語モデルとして **NETgram**（network for N–gram word category prediction）として検討されている[14]。図 **3.4** に NETgram におけるニューラルネットワーク言語モデルの構造を示す。NETgram では，89 種類の単語カテゴリが存在する場合に，現在の単語カテゴリからつぎの単語カテゴリを予測するようなモデル化をニューラルネットワークを用いて実現している。

ニューラルネットワーク言語モデルが実質的に注目を集めたのは 2000 年以降であり，2000 年代初期に提案された**全結合型ニューラルネットワーク言語モ**

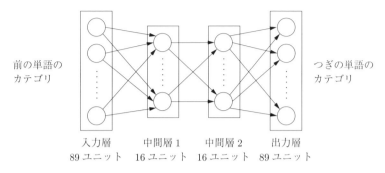

前の単語の
カテゴリ

つぎの単語の
カテゴリ

入力層　　　中間層 1　　中間層 2　　出力層
89 ユニット　16 ユニット　16 ユニット　89 ユニット

図 **3.4**　NETgram におけるニューラルネットワーク言語モデルの構造

デル（feed forward neural network language model, **FFNNLM**)[15]，およ
び，2010 年に提案された**再帰型ニューラルネットワーク言語モデル**（recurrent
neural network language model, **RNNLM**)[16] がその後の研究の基盤となっ
ている。

　ニューラルネットワーク言語モデルでは，単語や単語列を連続空間上にマッ
ピングして扱うことにより，単語間の関係性を柔軟に捉え，学習データに含ま
れない単語列に対しても頑健に確率値を付与することが可能である。このこと
から，ニューラルネットワーク言語モデルは，**連続空間言語モデル**（continuous
space language model）とも呼ばれている。

3.6.1　全結合型ニューラルネットワーク言語モデル

　全結合型ニューラルネットワーク言語モデルでは，N–gram モデルをニュー
ラルネットワークによりモデル化する。一般的には，単語の連続空間へのマッ
ピング関数と，N–gram 確率のモデル化を同時に学習する。すなわち，全結合
型ニューラルネットワーク言語モデルによる単語列 $W = w_1, \ldots, w_n$ の生成確
率 $P(W)$ は

$$P(W) = \prod_{i=1}^{n} P(w_i | h_i, \theta_{\text{ffnn}}) \tag{3.78}$$

$$= \prod_{i=1}^{n} P(w_i | w_{i-N+1}, \ldots, w_{i-1}, \theta_{\text{ffnn}}) \tag{3.79}$$

$$= \prod_{i=1}^{n} P(w_i | \boldsymbol{s}_i, \theta_{\text{ffnn}}) \tag{3.80}$$

として定式化できる。θ_{ffnn} がモデルパラメータである。全結合型ニューラルネットワーク言語モデルでは，単語 w_i についての単語履歴 h_i を直前の $N-1$ 単語である $w_{i-N+1}, \ldots, w_{i-1}$ とし，単語履歴を連続値ベクトル $\boldsymbol{s}_i$ に埋め込み，その情報から単語 w_i の言語予測を行う。

　全結合型ニューラルネットワーク言語モデルによる単語の予測確率分布を，具体的にどのように計算するかを順を追って説明する。ここでは，中間層が一つの代表的なモデル構造をもつモデル化を取り上げる。図 **3.5** に，$N=3$ とした場合のモデル構造を示す。この場合，入力の単語履歴は w_{i-2} および w_{i-1} であり，出力が語彙に含まれる各単語の確率値である。

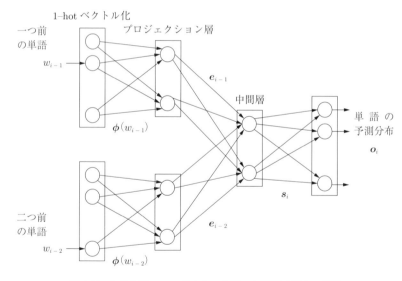

図 3.5 全結合型ニューラルネットワーク言語モデルの構造

　一般的な全結合型ニューラルネットワーク言語モデルでは，単語履歴となる各単語を最初に **1–hot** ベクトルに変換する。1–hot ベクトルとは，語彙サイズ $|\mathcal{V}|$ と同じ次元をもち，対象単語に対応する次元のみ 1 で，その他の要素が 0 の

ベクトルである。単語 w の 1–hot ベクトルを $\phi(w)$ と表すとき，その j 番目の次元 $\phi(w)_j$ は

$$\phi(w)_j = \begin{cases} 1 & (w \text{ が } j \text{ 番目の索引の単語}) \\ 0 & (\text{その他}) \end{cases} \tag{3.81}$$

として表される。この 1–hot ベクトルは，線形のプロジェクション層により，次元数 e の連続値ベクトルに変換して扱うことが一般的である。1–hot ベクトル $\phi(w_{i-k})$ の連続値ベクトル e_{i-k} への変換は

$$e_{i-k} = E\phi(w_{i-k}) \tag{3.82}$$

のように行われる。ここで $E \in \mathbb{R}^{e \times |\mathcal{V}|}$ は k に依存しないパラメータであり，**単語分散表現**（word embedding）と呼ばれている。なお，E と 1–hot ベクトルの行列計算は必要なく，E を単語に対するルックアップテーブルとしてもっておくことが可能である。この連続値ベクトルを単語履歴中の各単語について計算し，$N-1$ 個つないだ結合ベクトル e_{i-1}^{i-N+1} を

$$e_{i-1}^{i-N+1} = [e_{i-N+1}^{\top}, \ldots, e_{i-1}^{\top}]^{\top} \tag{3.83}$$

として構成する。この結合ベクトルを中間層に入力する場合，m 次元のベクトル $s_t \in \mathbb{R}^m$ に対する非線形変換として

$$s_i = \mathcal{H}(W^{\mathrm{h}} e_{i-1}^{i-N+1} + b^{\mathrm{h}}) \tag{3.84}$$

のように変換を行う。ここで $W^{\mathrm{h}} \in \mathbb{R}^{m \times e \cdot (N-1)}$, $b^{\mathrm{h}} \in \mathbb{R}^m$ はモデルパラメータ，$\mathcal{H}(\cdot)$ はシグモイド関数などの活性化関数を表し，シグモイド関数の場合は入力ベクトル x を

$$\mathcal{H}(x) = \left[\frac{1}{1 + \exp(-x_1)}, \ldots, \frac{1}{1 + \exp(-x_m)} \right]^{\top} \tag{3.85}$$

のように変換する関数である。最後に図に示す出力層では，単語についての確率分布を得るために，s_t を入力として，つぎの変換により出力 o_t を得る。

$$o_t = \mathcal{G}(W^{\mathrm{o}} s_t + b^{\mathrm{o}}) \tag{3.86}$$

$$P(w_i = k | w_{i-N+1}^{i-1}) = o_{i,k} \tag{3.87}$$

ここで，$\boldsymbol{W}^{\mathrm{o}} \in \mathbb{R}^{|\mathcal{V}| \times m}$，$\boldsymbol{b}^{\mathrm{o}} \in \mathbb{R}^{|\mathcal{V}|}$ はモデルパラメータ，$o_{i,k}$ は $\boldsymbol{o}_i$ の k 番目の次元の要素を表す。$\mathcal{G}(\cdot)$ は**ソフトマックス関数**（softmax function）を表し，入力ベクトル $\boldsymbol{x} = [x_1, \ldots, x_D]^{\top}$ を

$$\mathcal{G}(\boldsymbol{x}) = \left[\frac{\exp(x_1)}{\displaystyle\sum_{j=1}^{D} \exp(x_j)}, \ldots, \frac{\exp(x_D)}{\displaystyle\sum_{j=1}^{D} \exp(x_j)} \right]^{\top} \tag{3.88}$$

に変換する機能をもつ関数である。以上をまとめると，全結合型ニューラルネットワーク言語モデルのモデルパラメータ θ_{ffnn} は

$$\theta_{\mathrm{ffnn}} = \{ \boldsymbol{E}, \boldsymbol{W}^{\mathrm{h}}, \boldsymbol{b}^{\mathrm{h}}, \boldsymbol{W}^{\mathrm{o}}, \boldsymbol{b}^{\mathrm{o}} \} \tag{3.89}$$

であり，学習により決定する。モデルパラメータの学習は，最尤推定として位置づけられる**クロスエントロピー最小化基準**により学習できる。学習データの単語列を $\mathcal{D} = w_1, \ldots, w_{|\mathcal{D}|}$ とした場合のモデルパラメータは

$$\hat{\theta}_{\mathrm{ffnn}} = \underset{\theta}{\mathrm{argmin}} -\frac{1}{|\mathcal{D}|} \sum_{i=1}^{|\mathcal{D}|} \log P(w_i | w_{i-N+1}, \ldots, w_{i-1}, \theta_{\mathrm{ffnn}}) \tag{3.90}$$

と推定できる。この推定には，確率的勾配法を用いることが一般的であり，誤差逆伝搬法（2.4.1 項参照）というアルゴリズムが用いられる。

　一般的な全結合型ニューラルネットワーク言語モデルは中間層を一つもつが，中間層を多層にすることで**深層ニューラルネットワーク言語モデル**（deep neural network language model）にも拡張できる[17]。

3.6.2　再帰型ニューラルネットワーク言語モデル

2.4.4 項で解説した再帰型ニューラルネットワークは，音響モデルだけでなく，言語モデルにも利用される。再帰型ニューラルネットワーク言語モデルでは，先程の全結合型ニューラルネットワーク言語モデルと異なり，単語履歴と

して利用する単語列の長さを限定しないことが特徴である。すなわち，理論的には単語列の始端から直前までを単語履歴として利用することができる。これは，リカレントコネクションと呼ばれる再帰機構をもつ中間層に起因する効果である。このことから，再帰型ニューラルネットワーク言語モデルを用いることで，より長い単語履歴を利用した言語予測が可能である。

ここでは，最も一般的な再帰型ニューラルネットワーク言語モデルである，エルマン型の再帰型ニューラルネットワーク[18] を用いたモデル化について説明する。再帰型ニューラルネットワーク言語モデルによる単語列 $W = w_1, \ldots, w_n$ の生成確率 $P(W)$ は

$$P(W) = \prod_{i=1}^{n} P(w_i | h_i, \theta_{\mathrm{rnn}}) \tag{3.91}$$

$$= \prod_{i=1}^{n} P(w_i | w_1, \ldots, w_{i-1}, \theta_{\mathrm{rnn}}) \tag{3.92}$$

$$= \prod_{i=1}^{n} P(w_i | w_{i-1}, \boldsymbol{s}_{i-1}, \theta_{\mathrm{rnn}}) \tag{3.93}$$

$$= \prod_{i=1}^{n} P(w_i | \boldsymbol{s}_i, \theta_{\mathrm{rnn}}) \tag{3.94}$$

として定式化できる。θ_{rnn} はモデルパラメータである。再帰型ニューラルネットワーク言語モデルにおける単語 w_i についての単語履歴 h_i は，式 (3.92) のとおり単語列 $w_1, \ldots, w_{i-1}$ であり，全結合型ニューラルネットワーク言語モデルにおける式 (3.79) と異なる点に注意されたい。$\boldsymbol{s}_{i-1}$ はリカレントコネクションからの出力ベクトルであり，単語列 $w_1, \ldots, w_{i-2}$ を埋め込んだ連続値ベクトルである。さらに，w_{i-1} と $\boldsymbol{s}_{i-1}$ まで含んだコンテキストを $\boldsymbol{s}_i$ に再帰的に埋め込むことで，長い単語履歴を考慮した言語予測を行うことができる。

再帰型ニューラルネットワーク言語モデルにおける単語の予測確率分布の計算について述べる。図 **3.6** に再帰型ニューラルネットワーク言語モデルの代表的な構造を示す。

単語ごとの連続値ベクトルを得るまでは，全結合ニューラルネットワーク言

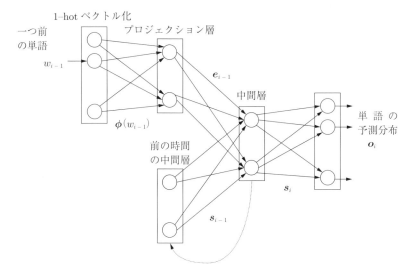

図 3.6 再帰型ニューラルネットワーク言語モデルの構造

語モデルと同様の処理である。リカレントコネクションをもつ中間層では，単語の連続値ベクトル $\boldsymbol{e}_{i-1}$ と過去の中間層の出力ベクトル $\boldsymbol{s}_{i-1}$ が入力され

$$\boldsymbol{s}_i = \mathcal{H}(\boldsymbol{W}^{\mathrm{h}}\boldsymbol{e}_{i-1} + \boldsymbol{U}^{\mathrm{h}}\boldsymbol{s}_{i-1} + \boldsymbol{b}^{\mathrm{h}}) \tag{3.95}$$

として出力ベクトルを得る。$\boldsymbol{W}^{\mathrm{h}}, \boldsymbol{U}^{\mathrm{h}}, \boldsymbol{b}^{\mathrm{h}}$ はモデルパラメータを表す。ここで，$\boldsymbol{s}_{i-1}$ を同様に展開すると

$$\boldsymbol{s}_{i-1} = \mathcal{H}(\boldsymbol{W}^{\mathrm{h}}\boldsymbol{e}_{i-1} + \boldsymbol{U}^{\mathrm{h}}\mathcal{H}(\boldsymbol{W}^{\mathrm{h}}\boldsymbol{e}_{i-2} + \boldsymbol{U}^{\mathrm{h}}\boldsymbol{s}_{i-2} + \boldsymbol{b}^{\mathrm{h}}) + \boldsymbol{b}^{\mathrm{h}}) \tag{3.96}$$

と書くことができる。このように，同一の処理を時間方向に再帰的に実施することで，単語列の始端から直前までのコンテキストを単一の連続値ベクトルに埋め込んでいる。なお，$\boldsymbol{s}_0$ はすべての要素が 0 であるゼロベクトル $\boldsymbol{0}$ である。出力層では式 (3.86), (3.87) と同様の処理により単語 w_i についての予測確率分布を得ることができる。以上まとめると，再帰型ニューラルネットワーク言語モデルのモデルパラメータ θ_{rnn} は

$$\theta_{\mathrm{rnn}} = \{\boldsymbol{E}, \boldsymbol{W}^{\mathrm{h}}, \boldsymbol{U}^{\mathrm{h}}, \boldsymbol{b}^{\mathrm{h}}, \boldsymbol{W}^{\mathrm{o}}, \boldsymbol{b}^{\mathrm{o}}\} \tag{3.97}$$

であり，学習により決定するパラメータである。モデルパラメータの学習は，全結合型ニューラルネットワーク言語モデルと同様に，クロスエントロピー最小化基準により学習できる。学習データの単語列を $\mathcal{D} = w_1, \ldots, w_{|\mathcal{D}|}$ とした場合のモデルパラメータは

$$\hat{\theta}_{\mathrm{rnn}} = \underset{\theta}{\mathrm{argmin}} -\frac{1}{|\mathcal{D}|} \sum_{i=1}^{|\mathcal{D}|} \log P(w_i | w_1, \ldots, w_{i-1}, \theta_{\mathrm{rnn}}) \tag{3.98}$$

と推定できる。言語モデルにおける再帰型ニューラルネットワークの誤差逆伝搬法においても，音響モデルにおける再帰型ニューラルネットワークと同様に，時間方向にネットワークを展開してからパラメータの推定を行う，通時的誤差逆伝搬法（BPTT，2.4.4 項参照）が適用される。

　再帰型ニューラルネットワーク言語モデルでは，理論的には単語列の始端から直前までをコンテキストとした言語予測が可能であるが，通常の再帰型ニューラルネットワークでは，長い単語履歴を考慮した学習がうまく動作しないことが知られている。そこで，**ゲート付き回帰ユニット**（gated recurrent unit，**GRU**）や長・短期記憶（LSTM）など，長い単語履歴を扱うための工夫が導入された再帰型ニューラルネットワークが開発されており，再帰型ニューラルネットワーク言語モデルのためにも広く利用されている。

3.6.3　音声認識での利用

音声認識では，性能の側面からも実現性の側面からもニューラルネットワーク言語モデルのみを言語モデルとして用いることはほとんどなく，*N*–gram モデルと併用することが一般的である。以下では，ニューラルネットワーク言語モデルを音声認識で利用する方法について述べる。

〔1〕　***N*–gram モデルとの線形補間**　　全結合型ニューラルネットワーク言語モデルや再帰型ニューラルネットワーク言語モデルは，*N*–gram モデルと線形補間して用いることでさらに高い性能を実現できることが知られている。単語履歴 h_i が得られた際の単語 w_i についての *N*–gram モデルの予測確率分布を $P(w_i | h_i, \theta_{\mathrm{ng}})$，ニューラルネットワーク言語モデルの予測確率分布を

$P(w_i|h_i, \theta_{\mathrm{nn}})$ とした場合，両者の線形補間による単語履歴 h_i が得られた際の単語 w_i の予測確率分布は

$$P(w_i|h_i) = \lambda P(w_i|h_i, \theta_{\mathrm{nn}}) + (1-\lambda)P(w_i|h_i, \theta_{\mathrm{ng}}) \tag{3.99}$$

として表される。ここで λ は線形補間の重みであり，開発データを準備して最適化することが一般的である。

　両者の予測確率分布の線形補間が有効である理由は，両者でモデル化できている部分が異なることに起因すると考えられる。N–gram モデルは頻度に基づく統計量で予測確率分布を定義している一方，ニューラルネットワーク言語モデルは，単語履歴を連続空間上で捉えて非線形変換により予測確率分布を得ている。

　〔**2**〕**デコーディング**　　ニューラルネットワーク言語モデルは，N–gram モデルとは異なり，デコーディングのための探索グラフを効率的に構成することが困難であることが知られている。特に，再帰型ニューラルネットワーク言語モデルは，始端単語から直前の単語までの単語履歴に依存して予測確率分布の計算を行うため，あらゆる単語履歴の可能性を考慮した探索グラフを構成することは非現実的である。

　そこで最も広く用いられている利用方法は，N–gram モデルを用いたデコーディングシステムにより生成された N–best リストに対してリスコアリングを行う方法である。その際，N–best リストをプレフィックス木として表現することで，効率的にリスコアリングを行うことができる[19]。また，ニューラルネットワーク言語モデルを，N–gram モデルや重み付き有限状態トランスデューサ（WFST，1.4.4 項参照）の構造に直接近似することで，1 パスデコーディングで利用する方法も実用的である。

3.6.4　計算量の削減

　ニューラルネットワーク言語モデルでは，出力層であるソフトマックス層のユニットサイズが扱う語彙サイズと等しくなるため，出力層での計算量が非常

に大きくなってしまうことが課題である。そこで，計算コストを削減する工夫が多く検討されている。以下では，計算量を削減するための代表的な方法について述べる。

〔**1**〕 **ショートリストの利用**　　ショートリストのアイデアは，学習データにおける高頻度語の確率のみをニューラルネットワーク言語モデルで推定し，残りの低頻度語の確率は N–gram モデルで推定を行うことで，計算量を削減するというものである[20]。つまり，ショートリストとは，ニューラルネットワーク言語モデルにのみ含まれる語彙リストのことを表す。ショートリスト $\mathcal{S}$ を用いる場合，単語履歴 h_i が与えられた際の単語 w_i の予測確率分布は

$$P(w_i|h_i) = \begin{cases} \alpha(h_i)P(w_i|h_i, \theta_{\mathrm{nn}}) & (w_i \in \mathcal{S}) \\ P(w_i|h_i, \theta_{\mathrm{ng}}) & (その他) \end{cases} \tag{3.100}$$

として計算できる。$\alpha(h_i)$ は語彙全体に対する確率の総和を 1 にするための項であり

$$\alpha(h_i) = \sum_{w_i \in \mathcal{S}} P(w_i|h_i, \theta_{\mathrm{ng}}) \tag{3.101}$$

なお，ニューラルネットワーク言語モデルと N–gram モデルはそれぞれ

$$\sum_{w_i \in \mathcal{S}} P(w_i|h_i, \theta_{\mathrm{nn}}) = 1 \tag{3.102}$$

$$\sum_{w_i \in \mathcal{V}} P(w_i|h_i, \theta_{\mathrm{ng}}) = 1 \tag{3.103}$$

であり，$\mathcal{S} \subseteq \mathcal{V}$ であることを前提としている。このように，ショートリストを利用することで有効に計算量を削減できるが，ニューラルネットワーク言語モデル自体の語彙を絞る必要がある点は欠点といえる。

〔**2**〕 **階層的ソフトマックス層**　　ニューラルネットワーク言語モデルが扱う語彙を減らすことなく計算量を削減するために，**階層的ソフトマックス層**（hierarchical softmax layer）が提案されている。階層的ソフトマックス層は，最大エントロピーモデルの計算量削減のために提案されたものであるが，同様の出力層をもつニューラルネットワークにおいても適用可能な方法である[21]。

アイデアは，ニューラルネットワーク言語モデルの予測確率分布の計算を複数の項に分離して，各項の計算量を減らすというものである。具体的にどのように計算量を減らすかは，以下で述べる。

最も代表的な方法は，単語クラスタリングを利用した 2 階層の階層的ソフトマックス層であり，クラスベースのニューラルネットワーク言語モデルとも呼ばれている[22]。2 階層の階層的ソフトマックス層を用いたニューラルネットワーク言語モデルにおける単語 w_i の予測確率分布の計算は

$$P(w_i|h_i) = P(c_i|h_i, \theta_{\mathrm{nn}})P(w_i|h_i, c_i, \theta_{\mathrm{nn}}) \tag{3.104}$$

と定義できる。ここで，c_i は単語 w_i に一意に割り当てられたクラスを表す。計算量を削減できる理由は，$P(w_i|h_i, c_i, \theta_{\mathrm{nn}})$ において，c_i に対応する部分のソフトマックス計算のみ行えばよいからである。単語クラスの決定は，さまざまな方法を用いることができ，単語頻度基準や図 3.3 の基準での単語クラスタリングを用いることができる。

階層的ソフトマックス層は，構造化した単語のクラス木を構成しておくことで，さらに効率的な計算を行うことができる。例えば，単語を深さごとにクラスとしてエンコードできるようにしておく場合，単語 w_i は $c_i^{1:D} = c_i^1, \ldots, c_i^D$ として表すことができる。ここで c_i^d は，深さ d における単語 w_i のクラス，またはサブクラス，D はクラス木の深さを表す。このとき，ニューラルネットワーク言語モデルにおける単語 w_i の予測確率分布の計算は

$$P(w_i|h_i) = P(c_i^1|h_i, \theta_{\mathrm{nn}}) \prod_{d=2}^{D} P(c_i^d|h_i, c_i^{1:d-1}, \theta_{\mathrm{nn}}) \tag{3.105}$$

と計算できる。このようなクラス木は，単語の階層的クラスタリングを用いることで構築可能である。また，ハフマン符号化などで 2 分木としておくことにより，シグモイド関数の計算を深さ D 回行うことで，任意の単語の事後確率を計算できる。

〔**3**〕 **分散正則化** ソフトマックス層では，分母部分の計算が，出力の総和を 1 とするための**正規化項**の役割を果たしている。この分母部分の計算を省

略することができれば，計算量を大きく削減可能である。そこで，分母部分が1に近づくように学習する**分散正則化**（variance regularization）が提案されている[23]。なお分散正則化は，**自己正規化**（self normalization）とも呼ばれる。ソフトマックス層の分母部分の計算は単語履歴 h_i に依存するため，ソフトマックス層の分母部分の計算を $Z(h_i, \theta_{\mathrm{nn}})$ と定義する。分散正則化は $Z(h_i, \theta_{\mathrm{nn}}) = 1$ となるように正則化を行って学習するものであり，具体的には $\log Z(h_i, \theta_{\mathrm{nn}}) = 0$ となるような学習を行う。ニューラルネットワーク言語モデルのモデルパラメータを推定する際の正則化項としてこの制約が利用され，モデルパラメータは

$$\hat{\theta}_{\mathrm{nn}} = \operatorname*{argmin}_{\theta_{\mathrm{nn}}} -\frac{1}{|\mathcal{D}|} \sum_{i=1}^{|\mathcal{D}|} [\log P(w_i|h_i, \theta_{\mathrm{nn}}) + \beta \{\log Z(h_i, \theta_{\mathrm{nn}})\}^2]$$

(3.106)

と推定できる。ここで β は，正則化項のペナルティを調整するためのハイパーパラメータである。

引用・参考文献

1)　F. Jelinek：Interpolated estimation of Markov source parameters from sparse data, Proc. Workshop on Pattern Recognition in Practice (1980)

2)　S.M. Katz：Estimation of probabilities from sparse data for the language model component of a speech recognizer, IEEE Transactions on Acoustics, Speech, and Signal Processing, **ASSP–35**, pp.400–401 (1987)

3)　I.J. Good：The population frequencies of species and the estimation of population parameters, Biometrica, **40**, pp.237–264 (1953)

4)　Y.W. Teh：A hierarchical Bayesian language model based on Pitman–Yor processes, Proc. COLING, pp.985–992 (2006)

5)　P.F. Brown et al.：Class–based n–gram models of natural language, Computational Linguistics, **8**, pp.467–479 (1992)

6)　S. Martin et al.：Algorithms for bigram and trigram word clustering, Speech Communication, **24**, 1, pp.19–37 (1998)

7)　T. Hofmann：Probabilistic latent semantic analysis, Machine Learning, **42**, pp.289–296 (1999)

8)　D.M. Blei et al. ：Latent Dirichlet allocation, Journal of Machine Learning Research, pp.993–1022 (2003)

9)　M. Federico：Language model adaptation through topic decomposition and MDI estimation, Proc. ICASSP, **1**, pp.703–706 (2002)

10)　R. Rosenfeld：A maximum entropy approach to adaptive statistical language modeling, Computer Speech and language, **10**, pp.187–228 (1996)

11)　S.F. Chen et al. ：Scaling shrinkage–based language models, Proc. ASRU 2009, pp.299–304 (2009)

12)　B. Roark et al. ：Discriminative n–gram language modeling, Computer Speech and Language, **21**, pp.373–392 (2007)

13)　F.J. Och：Minimum Error Rate Training in Statistical Machine Translation, Proc. ACL, pp.160–167 (2003)

14)　M. Nakamura and K. Shikano：A study of English word category prediction based on neural networks, Proc. ICASSP, pp.731–734 (1989)

15)　Y. Bengio et al. ：A neural probabilistic language model, Journal of Machine Learning Research, **3**, pp.1137–1155 (2003)

16)　T. Mikolov et al. ：Recurrent neural network based language model, Proc. INTERSPEECH, pp.1045–1048 (2010)

17)　E. Arisoy et al. ：Deep neural network language models, Proc. NAACL–HLT workshop, pp.20–28 (2012)

18)　J. Elman ：Finding structure in time, Cognitive Science, **14**, 2, pp.179–211 (1990)

19)　Y. Si et al. ：Prefix tree based N–best list re–scoring for recurrent neural network language model used in speech recognition system, Proc. INTER-SPEECH, pp.3419–3423 (2013)

20)　H. Schwenk：Continuous space language models, Computer Speech and Language, **21**, pp.492–518 (2007)

21)　J.T. Goodman ：Classes for fast maximum entropy training, Proc. ICASSP, pp.561–564 (2001)

22)　Y. Shi et al. ：RNN language model with word clastering and class–based output layer, EURASIP Journal Audio, Speech, and Music Processing, **22**, pp.1–7 (2013)

23)　J. Devlin et al. ：Fast and robust neural network joint models for statistical machine translation, Proc. ACL, pp.1370–1380 (2014)

4章 話者認識

◆本章のテーマ

話者認識は，音声からそれを発声した個人を特定する技術であり，音声による本人確認や，対象話者の音声データの検索などに利用される。話者認識の研究は話者性をどのように表現するかを追求しながら発展を遂げてきた経緯がある。そこで，話者認識における特徴抽出，つまり話者性の表現方法の発展の歴史を紐解きながら，現在の主要技術について説明する。また，関連する話者ダイアライゼーションについても述べる。

4.1 話者認識の概要

　話者認識（speaker recognition）は，音声からそれを発声した個人を自動的に特定する技術であり，入力された音声が調査対象者本人のものか否かを判定する**話者照合**（speaker verification）と，登録されている複数人のうち誰の音声かを識別する**話者識別**（speaker identification）に分類される。なお，話者照合の形態として，任意の内容の発話が許容されるテキスト独立型，キーワードなどあらかじめ決められた内容のみを想定するテキスト依存型，使用するたびにシステムが発話内容を指定するテキスト指定型に分類される。

　話者認識技術の使用用途は「音声による本人確認」が主であり，電話を介した商品購入やチケット予約，銀行サービスにアクセスする際や建物入口でのセキュリティチェック，などに利用されている。このように，応用としては話者照合の事例が多い。また，インターネット上に存在する膨大なマルチメディアデータに対する発話者情報に基づくデータの検索も，話者照合の適用例と位置づけられる。

　話者認識の基本原理は音声認識と類似している。音響分析により音声波形から音響特徴量の系列を抽出し，登録された話者の「話者性」を表現するモデルに対する類似度（その話者らしさ）を計算する。この値があらかじめ設定しておいた閾値よりも大きければ，そのモデルの話者の音声と判定することができる。音響特徴量としては，メル周波数ケプストラム係数（MFCC，1.3.1 項参照）やフィルタバンク出力などが用いられてきた。これらの音響特徴量の分布は話者ごとに異なっているため，話者性を表現できる。この分布として，古くは混合正規分布（GMM）が用いられていた。一般的な話者の分布に対する各話者の分布の「ずれ」も話者を特徴づけるといえる。標準的な話者表現として利用されてきた i–vector はこの分布のずれを捉えたものと解釈できる。また，学習データに含まれる多数の話者を分類する深層ニューラルネットワークの中間層出力も，「話者らしさ」を高精度に表現することが知られている。

4.2　話者認識技術の進展と位置づけ

　話者認識の基本方式開発に関する研究は，米国 **NIST**（National Institute of Standards and Technology）が主催する **SRE**（Speaker Recognition Evaluation）と呼ばれるコンペティションを中心に，応用範囲が広いテキスト独立型話者照合に関して活発に行われており，その基本技術は競争的に発展を遂げてきた。また，話者認識はバイオメトリクス認証の一つと位置づけられる。音声は，指紋や虹彩など他のバイオメトリクスのように特殊な入力装置を必要としないという利便性がある一方，不変な身体的特徴と異なり，発声の際の周辺環境，発声の時期や体調などの影響で特徴が容易に変動するため，音声による話者照合の信頼性は指紋や虹彩を用いたシステムに及ばない。また，あらかじめ録音した音声の再生や，音声合成，声質変換技術を用いることで詐称（なりすまし）されやすいという問題がある。特に音声合成・声質変換技術の近年の発展は目覚しく，話者照合技術の応用システムにおいては脅威となっている。そのため，音声合成・声質変換技術の専門家と協調した，詐称に頑健な技術開発やコンペティションを通じた知見の蓄積も進んでいる[1]。

4.3　話者性の表現

　本節では，話者認識における「話者性」の表現方法について概観する。「話者性」は，古くは混合正規分布（GMM，2.1.6 項参照）[2],[3]のような生成モデルを用いて表現されてきた。

　2000 年代後半になると，特徴量空間を話者やチャネル特性などの要因を表す部分空間上のベクトルの和として表現した「因子分析モデル」の研究が活性化し，JFA（joint factor analysis）[6]に基づく方式が話者のモデル化における一大トレンドとなった。

　2010 年代に入ると深層学習（deep learning）が，さまざまな分野において技術的なブレイクスルーをもたらしたが，話者認識分野も例外ではなかった。深

層ニューラルネットワーク（DNN）を用いて，系列長が任意の発話音声から話者性に関する特徴表現を抽出して固定長のベクトルに埋め込む，深層話者埋め込みの有効性が実証され，2010年代後半より因子分析モデリングに取って代わる標準的な話者モデリングとなっている。

　以下，生成モデル，識別モデル，因子分析モデル，深層話者埋め込みについてそれぞれ説明する。

4.3.1　生成モデルによる方法

　生成モデルは，継続長が異なる音声発話に対する「話者」の表現方法の一つであり，短時間フレームの特徴ベクトルが，ある話者を表す確率分布から生成されるという仮定に基づく。

　〔**1**〕**GMM–UBM**　生成モデルによる話者認識の代表例がGMM–UBMアプローチ[3]であり，1990年代半ば以降，話者認識システムにおける *de facto standard* と位置づけられてきた。GMM–UBMアプローチでは，各話者のモデルを当該話者のデータのみを用いてスクラッチから学習するのではなく，「一般的な音声らしい」モデル（**UBM**）を大量の不特定話者データを用いて事前に学習しておき，新たな話者のモデルは，UBMを目的話者の分布に適応することで構築する。一般的に，この適応処理には，2.2.2項で説明した事後確率最大化（MAP，2.2.2項〔2〕参照）法が用いられている[3]。また，登録データ（適応データ）が数秒程度と短い場合は，同じく2.2.2項で説明した最尤線形回帰（MLLR，2.2.2項〔3〕参照）法[7]を用いたアプローチが有効であることが明らかになっている[8]~[11]。話者の照合は，UBMを詐称者モデルとして用い，登録話者モデルと詐称者モデルの尤度比に基づいて行われる。

　〔**2**〕**GMMスーパーベクトル**　2000年代の話者認識研究においては，GMM–UBMアプローチをそのまま用いるのではなく，GMMの平均ベクトルを混合数分だけ結合して得られる**GMMスーパーベクトル**を特徴量として用いる枠組みが主流となった。スーパーベクトルは，時系列データである発話をベクトル空間上の一点として表現するものである。例えば，一発話のデータを

用いて UBM を適応して得た GMM の平均ベクトルを結合することで，その発話データの話者性を表すスーパーベクトルが得られる。このスーパーベクトル表現は，SVM[4] などの識別モデルの入力として利用されている[5]。これは，「生成モデル」アプローチを特徴量の抽出に用いることで，「生成モデル」アプローチと「識別モデル」アプローチの統合を可能にした一つの有効な事例といえる。GMM スーパーベクトルを利用する傾向は，Campbell らがカーネルマシンの入力として利用し成功を収めて以来顕著になった[5]。また，これ以降話者モデリングのトレンドは，GMM などの生成モデルからカーネルマシンなどの識別モデルに移行した。それと同時に，同一話者の音声であっても発話の違いによって生じる音響変動やチャネルの差異の影響（話者内変動）を効果的に補正する方法についても，積極的に検討がなされた[11]~[14]。なお，近年の話者認識において重要な位置づけである，特徴空間において話者以外の情報を陽に削除しようとする「因子分析モデル」アプローチ[6],[15] も，スーパーベクトル空間上で実現されている。

4.3.2 識別モデルによる方法

識別モデルによるアプローチとしては，SVM などのカーネルマシンを用いた方法が挙げられる[5],[16]~[20]。

カーネル関数によるモデル化の特徴は，コーディング部で抽出する特徴量を，（超）高次元空間に写像した上で扱う点である。この高次元空間は，カーネル関数によって定められる無限個，もしくは膨大な個数のカーネル回帰子によって構成され，複雑な分布をもつ特徴量は，それらのカーネル回帰子により効果的に表現される。無限個のカーネル回帰子の演算は，カーネル関数を用いた演算で置き換えることができ，マージンや尤度の値は高々特徴量次元のオーダーの演算で厳密に計算できる。入力音声 x が本人 c のものであるかの指標はカーネル関数 $k(x, x^c)$ を用いて計算する。例えば，SVM では式 (4.1) に従い，識別関数 $f(x)$ を計算する。

$$f(\boldsymbol{x}) = \sum_{i \in SV} \alpha_i^c k(\boldsymbol{x}, \boldsymbol{x}_i^c) \tag{4.1}$$

ここで，SV はサポートベクトルを，$\boldsymbol{x}_i^c$ は目的話者 c の i 番目の学習音声を，α_i^c は SVM のパラメータを表す。

また，カーネルマシンによるアプローチでは，GMM などの「生成モデル」のように分布のモデルを仮定してそのパラメータを推定するわけではないので，「生成モデル」で問題となる次元数の大きな特徴量も扱うことができる。

識別モデルによるアプローチにおいては，どのようなカーネル関数を用いるか（つまり，どのようなカーネル回帰子で特徴量を表現するか），および次元数を考慮する必要がない中でどのような特徴量を用いるかが，主な検討事項となる。前者のカーネル関数については，系列（sequence）カーネル[16]，GMM スーパーベクトルカーネル[5]，共分散（covariance）カーネル[17]，GA（global alignment）カーネル[18] などが検討されている。後者の特徴量については，分析フレーム列[16),18]，GMM スーパーベクトル[5]，対数パワースペクトル[19] などが検討されている。

また，カーネルマシンを用いる場合，扱うデータに応じてカーネル関数やそのパラメータを適切に選択しなければ良好な性能が得られないという問題がある。与えられたデータに応じてカーネル関数を最適に設計する手法は数多く提案されているが，複数のカーネル関数を凸結合する**マルチカーネル学習**（multiple kernel learning, **MKL**）[21] も，その代表的なアプローチである。相補的なカーネルとして，derivative カーネルとパラメトリックカーネルを結合する MKL が話者照合に適用されている[22]。また，一般的なマージン最大化基準と比較して話者内の変動に頑健な最適化を用いた MKL も，話者照合に適用されている[23]。

以下では，GMM スーパーベクトルカーネルについて詳しく説明する。GMM スーパーベクトルカーネルは，GMM スーパーベクトルの特徴量に合わせて考案された[5]。二つの音声セグメント $\boldsymbol{x}, \boldsymbol{y}$ に対する GMM スーパーベクトルカーネルの値はつぎの式で計算する。

$$k_{\mathrm{sv}}(\boldsymbol{x}, \boldsymbol{y}) = \sum_{i=1}^{N} \lambda_i m_i^{\boldsymbol{x}} \boldsymbol{\Sigma}^{-1} m_i^{\boldsymbol{y}}$$

$$= \sum_{i=1}^{N} (\sqrt{\lambda_i} \boldsymbol{\Sigma}^{-\frac{1}{2}} m_i^{\boldsymbol{x}})^{\top} (\sqrt{\lambda_i} \boldsymbol{\Sigma}^{-\frac{1}{2}} m_i^{\boldsymbol{y}}) \tag{4.2}$$

ここで，N は UBM の混合正規分布数，$(m_1^{\boldsymbol{x}}, m_2^{\boldsymbol{x}}, \ldots, m_N^{\boldsymbol{x}})$ は音声セグメント $\boldsymbol{x}$ から抽出した GMM スーパーベクトル，$(m_1^{\boldsymbol{y}}, m_2^{\boldsymbol{y}}, \ldots, m_N^{\boldsymbol{y}})$ は音声セグメント $\boldsymbol{y}$ から抽出した GMM スーパーベクトルを表す。このとき，$m_i^{\boldsymbol{x}}$ および $m_i^{\boldsymbol{y}}$ $(i = 1, 2, \ldots, N)$ は，おのおの D 次元のベクトルとする。また，UBM の共分散は対角行列であると仮定し，$\boldsymbol{\Sigma}$ は対角共分散行列となる。この GMM スーパーベクトルカーネルは線形カーネルであるが，各発声を GMM スーパーベクトルとしてコーディングすることにより，各発声は混合正規分布数である数千の $N \times D$ 次元空間に写像される。

4.3.3　因子分析モデルによる方法

　因子分析モデルは，スーパーベクトル空間上で表された発話データを話者やチャネル（もしくはセッション）などの要因を表す部分空間上のベクトルの和として表現し，発話データから話者以外の要因を除去しようとするアプローチである。話者内の音響変動を補正する手法として，Kenny により JFA[6), 24), 25)] が提案されて以降，話者モデリングのトレンドは識別モデルアプローチから因子分析モデルアプローチに転換していった。実際，NIST が主催するコンペティションである SRE においては，因子分析モデルアプローチである i–vector を用いる方式[26)] や確率的線形判別分析（probabilistic linear discriminant analysis, **PLDA**）を用いる方式[27)] が話者照合精度の向上に大きく貢献しており，2000 年代後半から 2010 年代には，これらの方式を改良した方式，もしくは統合要素として用いる方式が精力的に検討された。また，世界的な研究動向を鑑みると，これらの方式が，2010 年代の話者認識研究における評価実験のベースラインとなっていたことにも留意されたい。

　〔1〕　**JFA**　　JFA（joint factor analysis）は，話者変動とチャネルの差

異（もしくはセッションごとの変動）を陽にモデル化することで，同一話者内の音響変動に頑健な話者認識を実現させようとするものである。JFA では，与えられた発話 u から抽出した話者とチャネル依存の GMM スーパーベクトル $\boldsymbol{M}_u$ が，話者を表現するスーパーベクトルと，チャネル（もしくはセッション）を表現するスーパーベクトルに分解できると仮定し，以下の因子分析モデルとして定義される。

$$\boldsymbol{M}_u = \boldsymbol{m} + \boldsymbol{V}\boldsymbol{y} + \boldsymbol{U}\boldsymbol{x}_u + \boldsymbol{\epsilon}_u \tag{4.3}$$

ここで，$\boldsymbol{m}$ は UBM から得られる話者およびチャネル非依存の GMM スーパーベクトルである。$\boldsymbol{V}$ は話者部分空間を定義する矩形行列（eigenvoices），$\boldsymbol{U}$ はチャネル部分空間を定義する矩形行列（eigenchannels），$\boldsymbol{y}, \boldsymbol{x}_u$ は，おのおの話者因子，チャネル因子を表し，標準ガウス分布に従う。また，$\boldsymbol{\epsilon}_u$ は残差成分であり，平均ベクトル $\boldsymbol{0}$，対角共分散行列 $\boldsymbol{\Sigma}$ をもつガウス分布に従う。

〔2〕 **i-vector**　JFA を用いて話者以外の要因を精密にモデル化し除去しようとしても限界がある。実際，Dehak は，JFA によって得られたチャネル因子 $\boldsymbol{x}$ にも話者情報が含まれていることを実験的に明らかにし[28]，話者とチャネル依存の空間に GMM スーパーベクトルを写像する因子分析モデルを提案した[26],[29]。このとき得られる写像が **i-vector** である。これは，話者とチャネルの部分空間を因子分析の枠組み（例えば JFA）で同時にモデル化するのは諦め，因子分析では発話データを話者とチャネル依存の全変動（total variability）空間に写像するに留め，チャネル変動についてはその後別の方法で除去しよう，というアプローチといえる。

このモデルは，発話 u から抽出した話者とチャネル依存の GMM スーパーベクトル $\boldsymbol{M}_u \in \mathcal{R}^{CD_F}$ の生成過程として

$$\boldsymbol{M}_u = \boldsymbol{m} + \boldsymbol{T}\boldsymbol{w}_u + \boldsymbol{\epsilon} \tag{4.4}$$

と定義される。ここで，C は GMM（UBM）の混合数（例えば，2048），D_F は音響特徴量（例えば，MFCC）の次元数（例えば 60），$\boldsymbol{T} \in \mathcal{R}^{CD_F \times D_T}$ は低

ランクの矩形行列（$D_T \ll CD_F$）で，全変動空間を張る基底ベクトルから構成される。$\boldsymbol{w}_u \in \mathcal{R}^{D_T}$ は発話ごとに与えられる潜在変数であり，平均ベクトルが $\boldsymbol{0} \in \mathcal{R}^{D_T}$ で共分散行列が単位行列 $\boldsymbol{I} \in \mathcal{R}^{D_T \times D_T}$ のガウス分布 $\mathcal{N}(\boldsymbol{w}; \boldsymbol{0}, \boldsymbol{I})$ に従う。この $\boldsymbol{w}$ は**全因子**（total factor）と呼ばれる[26]。実は，$\boldsymbol{w}$ そのものが各発話に対する i–vector である。つまり，i–vector は，GMM スーパーベクトル空間における平均的な話者（UBM の平均）からの「差」（を次元圧縮したもの）として各話者を表現したものといえる。ところで，文献 26) によれば，i–vector の "i–" は *identity* の略とされているが，INTERSPEECH 2011 で開催されたチュートリアル[30]によれば，MFCC（例えば 60 次元ベクトル）と GMM スーパーベクトル（例えば $60 \times 2\,048 = 122\,880$ 次元ベクトル）の中間的（*intermediate*）な話者表現という意味である，と解説されている。また，ϵ は平均ベクトル $\boldsymbol{0} \in \mathcal{R}^{CD_F}$，対角共分散行列 $\boldsymbol{\Sigma} \in \mathcal{R}^{CD_F \times CD_F}$ のガウス分布に従うノイズ成分である。以上より，式 (4.4) は，$\boldsymbol{w}$ で条件づけられた観測変数 $\boldsymbol{M}$ についての条件付き分布もガウス分布であり

$$p(\boldsymbol{M}|\boldsymbol{w}) = \mathcal{N}(\boldsymbol{M}; \boldsymbol{m} + \boldsymbol{T}\boldsymbol{w}, \boldsymbol{\Sigma}) \tag{4.5}$$

と書けることを意味する。この線形ガウス分布による潜在変数モデルは，$\boldsymbol{\Sigma}$ が一般的な対角共分散行列であれば因子分析モデル，等方的な対角共分散行列（$\sigma^2 \boldsymbol{I}$）であれば確率的主成分分析モデルとなるが，i–vector に基づくアプローチは因子分析モデルとして定式化される。その場合，モデルパラメータ $\boldsymbol{T}, \boldsymbol{\Sigma}$ は，EM アルゴリズムによって推定することができる。このような線形ガウス分布による潜在変数モデルに関する議論は，Bishop による教科書[31]が詳しい。

　ここで注意すべきは，i–vector は，「発話に対する GMM スーパーベクトル $\boldsymbol{M}_u$ を実際に計算し，学習ずみの $\boldsymbol{T}$ によって写像して得る」わけではないことである。同様に，全変動行列 $\boldsymbol{T}$ についても，「学習データに対してスーパーベクトルを実際に求めた上で，超高次元のスーパーベクトル空間上でデータ共分散行列を計算し，通常の主成分分析を行うことで得る」わけではない。式 (4.4) によれば，上記の解釈は間違いではないものの，EM アルゴリズムを用いたほ

うが計算効率の点で合理的である[31]。この枠組みにおいて，i–vector は全因子 $\boldsymbol{w}$ の事後分布の平均値 $E[\boldsymbol{w}]$ として得られる[26), 31]。

また，i–vector は，話者認識に寄与しない話者内の音響変動，つまりセッションごとの音響変動，あるいはチャネルの差異の影響を含むため，それらを低減する必要がある。このような話者内で生じる音響変動の補正については，4.3.4 項で述べる。

〔**3**〕　**i–vector による話者照合**　　i–vector を用いて話者照合を行う場合，主に以下の 2 通りの方法がある。

1. 登録話者の i–vector $\boldsymbol{w}_1$ と照合話者の i–vector $\boldsymbol{w}_2$ の**コサイン類似度**によりスコアリングを行う[26), 29]。

$$\cos(\boldsymbol{w}_1, \boldsymbol{w}_2) = \frac{\boldsymbol{w}_1 \cdot \boldsymbol{w}_2}{\|\boldsymbol{w}_1\|\|\boldsymbol{w}_2\|} \tag{4.6}$$

この類似度が閾値以上であれば，登録話者と照合話者を同一とみなす。このとき，i–vector をそのまま用いるのではなく，話者内変動の影響を補正[12), 13]して得たベクトルを用いることが有効である[26), 29]。このようなシンプルな照合でも，サポートベクトルマシンを用いた照合と同等以上の性能を与える[29]。

2. 登録話者と照合話者の i–vector $\boldsymbol{w}_1, \boldsymbol{w}_2$ を用いて，「$\boldsymbol{w}_1$ と $\boldsymbol{w}_2$ が同一の話者モデルから生成されたか（$\mathcal{H}_1$）否か（$\mathcal{H}_0$）」に関する仮説に対して**対数尤度比**

$$\log \frac{p(\boldsymbol{w}_1, \boldsymbol{w}_2 | \mathcal{H}_1)}{p(\boldsymbol{w}_1 | \mathcal{H}_0) p(\boldsymbol{w}_2 | \mathcal{H}_0)} \tag{4.7}$$

を直接評価する。この対数尤度比が閾値以上であれば，登録話者と照合話者を同一話者とみなす。PLDA モデルにより話者内変動補正を行う場合は，このスコアリングを用いる[27), 32), 35]。PLDA に基づく話者照合のレシピは，後述する。

4.3.4　話者内変動補正

i–vector は，話者内の音響変動（セッションごとの音響変動やチャネルの差

異）の影響を含むため，それらを正確に補正することがシステム全体の性能の鍵を握る。本項では，部分空間表現に基づくアプローチと，より洗練された PLDA に基づくアプローチについて概観する。

〔1〕　部分空間に基づく話者内変動補正　　同一話者内の音響変動補正としては，線形判別分析（LDA，1.3.3 項参照），**WCCN**（within–class covariance normalization）[12]，**NAP**（nuisance attribute projection）[13] などが適用され，LDA と WCCN の併用が有効であることが明らかになっている[26],[29]。

さらに，登録時と照合時の音環境が異なる場合や少量データでシステム構築する場合であっても，頑健な話者照合が可能になるよう LDA を拡張する試みもなされている。McLaren らは，複数音源の音声を用いて変換行列を学習する際に音源の違いを正規化する SN–LDA（source normalized LDA）を提案した[33]。また，Kanagasundaram らは，クラス間の距離を考慮しながらクラスを分離するような変換行列を求める WLDA（weighted LDA）を適用した[34]。これらは，NIST SRE タスクにおいて有効性が実証されている。

〔2〕　**PLDA に基づく話者内変動補正**　　GMM スーパーベクトル空間ではなく，i–vector 空間において話者間変動や話者内変動をモデル化する試みとして，PLDA[32] を用いる話者照合手法が Kenny によって提案された[27]。PLDA に基づくアプローチでは，与えられた発話から i–vector を抽出した後，その抽出過程は無視し，得られた i–vector を確率的生成モデルからの観測とみなして，下記のようにモデル化する。

$$\boldsymbol{w}_u = \bar{\boldsymbol{w}} + \boldsymbol{\Phi}\boldsymbol{\beta} + \boldsymbol{\Gamma}\boldsymbol{\alpha}_u + \boldsymbol{\epsilon}_u \tag{4.8}$$

$\boldsymbol{w}_u$ は与えられた発話に対する i–vector，$\bar{\boldsymbol{w}}$ は i–vector 空間におけるオフセットである。$\boldsymbol{\Phi}, \boldsymbol{\Gamma}$ は，おのおの話者部分空間を張る基底行列とチャネル部分空間を張る基底行列，$\boldsymbol{\beta}, \boldsymbol{\alpha}_u$ は話者およびチャネル因子を表し，標準ガウス分布に従う。また，$\boldsymbol{\epsilon}_u$ は残差成分を表し，平均ベクトル $\boldsymbol{0}$，対角共分散行列 $\boldsymbol{\Sigma}_w$ をもつガウス分布に従う。このモデルを特に **G–PLDA**（Gaussian PLDA）と呼ぶことがある。LDA とのアナロジーにおいては，$\boldsymbol{\Phi}$ の列ベクトルが話者クラス

間分散行列の固有ベクトルに相当し，$\boldsymbol{\varGamma}$ の列ベクトルが話者クラス内分散行列の固有ベクトルに相当する[32]。

　以降では，G–PLDA に基づくシステムを構築するための二つの重要な要素技術である

　　1.　i–vector に内在する非ガウス性を低減するためのベクトル長正規化

　　2.　計算コストを低減するための PLDA モデルの簡略化

について概観する。

i–vector 長正規化　　実際には，i–vector には非ガウス性がある。それに対処するため Kenny らは，話者因子や残差成分の事前分布として，ガウス分布の代わりに Student–t 分布を用いた HT–PLDA（heavy–tailed PLDA）を提案した[27]。HT–PLDA は G–PLDA を凌駕する性能を与えるものの，定式化や実装の複雑化，計算コストの増加が避けられない。Garcia–Romero らは，i–vector にガウス性を導入するために **i–vector 長正規化**に基づくアプローチを提唱し，計算コストを抑えながら HT–PLDA と同等の性能を与えることに成功した[35]。i–vector 長正規化に基づくアプローチは，1）線形白色化，2）ベクトル長正規化，という前処理を施した上で PLDA を行うというものである。線形白色化された i–vector は

$$\boldsymbol{w}_{\mathrm{wht}} = \boldsymbol{d}^{-\frac{1}{2}} \boldsymbol{U}' \boldsymbol{w} \tag{4.9}$$

という処理により得られる。$\boldsymbol{U}$ は開発セットの i–vector から計算される共分散行列の固有ベクトルからなる直交行列，$\boldsymbol{d}$ は対応する固有値からなる対角行列である。この $\boldsymbol{w}_{\mathrm{wht}}$ に対してベクトル長正規化を施すことで

$$\boldsymbol{w}_{\mathrm{norm}} = \frac{\boldsymbol{w}_{\mathrm{wht}}}{\|\boldsymbol{w}_{\mathrm{wht}}\|} \tag{4.10}$$

を得る。この $\boldsymbol{w}_{\mathrm{norm}}$ 空間上で，式 (4.8) による PLDA を行う。

PLDA モデルの簡略化　　さらに，G–PLDA の実装においては，残差成分の共分散行列をフルランクとすることで，近似的にチャネル部分空間（$\boldsymbol{\varGamma}$）を無視できる，という仮定を置く。このアプローチによって，話者照合性能を劣化

させることなしに計算コストを削減することが可能となる。G–PLDA のパラメータは EM アルゴリズムで推定できるが，上記の近似的アプローチを用いる場合，i–vector のパラメータ推定と定式化はほぼ同一となる。なお，PLDA モデルのパラメータ推定式の導出については Brümmer による解説[36] が詳しい。

このモデルを用いて照合を行う場合，式 (4.7) の対数尤度比は閉形式で下記のように書ける[35]。

$$
\log \mathcal{N}\left(\begin{bmatrix} \boldsymbol{w}_1 \\ \boldsymbol{w}_2 \end{bmatrix} ; \begin{bmatrix} \bar{\boldsymbol{w}} \\ \bar{\boldsymbol{w}} \end{bmatrix}, \begin{bmatrix} \boldsymbol{\Sigma}_{\mathrm{tot}} & \boldsymbol{\Sigma}_{\mathrm{ac}} \\ \boldsymbol{\Sigma}_{\mathrm{ac}} & \boldsymbol{\Sigma}_{\mathrm{ac}} \end{bmatrix} \right)
$$
$$
- \log \mathcal{N}\left(\begin{bmatrix} \boldsymbol{w}_1 \\ \boldsymbol{w}_2 \end{bmatrix} ; \begin{bmatrix} \bar{\boldsymbol{w}} \\ \bar{\boldsymbol{w}} \end{bmatrix}, \begin{bmatrix} \boldsymbol{\Sigma}_{\mathrm{tot}} & \mathbf{0} \\ \mathbf{0} & \boldsymbol{\Sigma}_{\mathrm{ac}} \end{bmatrix} \right)
$$

ここで，$\boldsymbol{\Sigma}_{\mathrm{tot}} = \boldsymbol{\Phi}\boldsymbol{\Phi}' + \boldsymbol{\Sigma}_w$, $\boldsymbol{\Sigma}_{\mathrm{ac}} = \boldsymbol{\Phi}\boldsymbol{\Phi}'$ である。このように，照合スコアは，G–PLDA のパラメータ $\boldsymbol{\Phi}, \boldsymbol{\Sigma}_w$ と，登録・照合発話の i–vector $\boldsymbol{w}_1, \boldsymbol{w}_2$ を用いて上式により計算することができる。

4.3.5　深層話者埋め込み

深層ニューラルネットワーク（DNN，2.4.2 項参照）は，GMM や因子分析モデルと比較して自由度が高く，複雑なデータ分布でも精密に表現する能力を有する。実際，DNN を用いて任意の発話長の音声入力から話者性に関する情報を抽出し，固定長のベクトルに埋め込む**深層話者埋め込み**は，i–vector をはじめとする因子分析モデリング[6],[26] に代わる，話者特徴表現学習の有力な手段となっている。

このアプローチの目的は，因子分析モデルアプローチと同様，任意の長さの音声セグメント（例えば，発話）から，「話者らしさ」を表現する固定次元の特徴ベクトルを高精度に抽出することである。そこで，話者を分類するように学習された DNN に音声セグメントを入力し，その DNN の中間層出力を話者性を表す特徴表現として抽出する。この DNN は，音響空間を話者の違いで分割するように学習されるため，その中間層出力には話者の違いを表現するための本質的

な情報が含まれていることが期待できる。また，短時間フレームごとに得られる情報を時間方向に集約する層を DNN 内部に設けることで，セグメント単位で話者性を表現することを可能にしている。このアプローチは，**x–vector**[37]が成功を収めて以降，i–vector に代わる話者特徴表現の標準技術となっている。

　典型的な音声セグメントに対する深層話者埋め込みの例を**図 4.1** に示す。フレームレベルの特徴抽出層を経て，複数フレームに対する情報がセグメントレベルの表現に集約され，セグメントレベルでの非線形変換によって話者特徴表現が得られる。この DNN は，学習データ中の話者を分類するように学習されるので，分類誤り率を最小化する基準として一般的に用いられる cross entropy softmax 損失を用いて最適化できる。このとき，コサイン距離を用いて話者特徴ベクトルを直接比較できるような埋め込みを実現するための損失として，A–softmax（angular softmax）損失も設計されており，その有効性が明らかになっている[38],[39]。

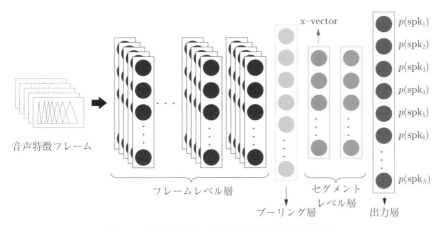

図 4.1　音声セグメントに対する深層話者埋め込み

　標準的な x–vector 抽出[37]のための DNN の構造を**表 4.1** に示す。この例においては，入力音声セグメントは T フレームからなるとする。フレームレベルの特徴抽出層 5 層は，TDNN（time–delay neural network）[40]で構成されている。ここでは，現在のフレーム t を中心としたコンテキスト情報を考慮して音

表 4.1　x–vector 抽出のための DNN の構造の例[37)]

層	層タイプ	各層のコンテキスト	入力 × 出力
(1)　frame–level 1	TDNN–ReLU	$[t-2, t+2]$	120×512
(2)　frame–level 2	TDNN–ReLU	$\{t-2, t, t+2\}$	$1\,536 \times 512$
(3)　frame–level 3	TDNN–ReLU	$\{t-3, t, t+3\}$	$1\,536 \times 512$
(4)　frame–level 4	Dense–ReLU	$\{t\}$	512×512
(5)　frame–level 5	Dense–ReLU	$\{t\}$	$512 \times 1\,500$
(6)　pooling	mean+stddev	$[0,\mathrm{T}]$	$1\,500T \times 3\,000$
(7)　segment–level 1	Dense–ReLU	$\{0\}$	$3\,000 \times 512$
(8)　segment–level 2	Dense–ReLU	$\{0\}$	512×512
(9)　projection	Dense–Softmax	$\{0\}$	$512 \times$ Num. spks

声入力を処理していく。例えば，第 1 層においては，各フレーム前後 2 フレームのコンテキストを考慮して入力がなされる。つまり，フレーム t の音響情報を DNN に入力する際は，$t-2$ フレームから $t+2$ フレームまでの 5 フレームの音響特徴ベクトル（各フレーム 24 次元）が結合されて第 1 層に入力される。つづく第 2 層には，第 1 層の出力が $t-2$, t, $t+2$ という間隔で 3 フレーム分結合された上で入力され，第 3 層には第 2 層の出力が $t-3$, t, $t+3$ という間隔で 3 フレーム分結合された上で入力される。第 4 層，第 5 層では，前後のコンテキストは考慮されない。つまり，第 3 層以降のコンテキスト長は 15 フレームである。プーリング層では，それにつづく層が音声セグメント全体を処理できるように，時間軸方向に情報を集約する。具体的には，音声セグメントを構成する T フレームに対して，第 5 層の出力の平均値と標準偏差を計算する。統計値は 1 500 次元のベクトルであり，入力セグメントごとに一度だけ計算される。ここでは，平均値と標準偏差は連結され，セグメントレベルの層を経て，最後にソフトマックス出力層に伝えられる。このとき，セグメントレベルの 1 層目の出力が，話者特徴表現（x–vector）として抽出される。

　深層話者埋め込みでは自由度が高い DNN が用いられるため，大量かつ多様な学習データが必要となる。そのため，収録された発話音声に対する雑音，音楽，混合音声などの重畳[41)] や残響の効果の付与など，データを補強（data augmentation）するステップが，一般的に必要となる。

　なお，x–vector など，深層話者埋め込みにより得られた話者特徴表現を用い

て話者照合を行う場合は, i–vector を用いる場合と同様, コサイン類似度による
スコアリングや PLDA スコアリング（対数尤度比による評価）が用いられる。

本節では, 話者照合システムの評価尺度について述べる。話者照合の評価
は, 目的話者を詐称者と誤る割合である**誤棄却率** $P_{\text{Miss}|\text{Target}}$ と, 詐称者を目
的話者と誤る割合である**誤受理率** $P_{\text{FalseAlarm}|\text{NonTarget}}$ に基づき行われるこ
とが多い。誤受理と誤棄却はトレードオフの関係にあるので, $P_{\text{Miss}|\text{Target}}$ と
$P_{\text{FalseAlarm}|\text{NonTarget}}$ が等しくなるような動作点での誤り率でシステムを評価す
ることができる。この誤り率は, **等誤り率**（equal error rate, **EER**）と呼ば
れ, 話者照合において一般的に用いられている。

NIST SRE では, 誤受理率と誤棄却率を対等に扱う EER に加え, 一方に重
みを付けた**決定コスト関数**（decision cost function, **DCF**）が用いられる。例
えば, 決定コスト関数 C_{Det} は以下のように定義される。

$$C_{\text{Det}} = C_{\text{Miss}} \cdot P_{\text{Miss}|\text{Target}} \cdot P_{\text{Target}}$$
$$+ C_{\text{FalseAlarm}} \cdot P_{\text{FalseAlarm}|\text{NonTarget}} \cdot (1 - P_{\text{Target}}) \quad (4.11)$$

ここで, C_{Miss} と $C_{\text{FalseAlarm}}$ は, おのおの誤受理と誤棄却の相対コスト, P_{Target}
は照合対象の音声セグメントに目的話者が存在する事前確率を表す。例えば,
$C_{\text{Miss}} = C_{\text{FalseAlarm}} = 1$, $P_{\text{Target}} = 0.001$ のように設定される。これは, 誤棄
却よりも誤受理が重視されることを意味する。最終的には, すべての入力を受
理もしくは棄却と判定する場合（システムがなんの処理もしない場合）のコス
ト関数値が 1.0 となるように C_{Det} を正規化した以下の C_{Norm} を, 決定コスト
関数値とする。

$$C_{\text{Norm}} = \frac{C_{\text{Det}}}{\min(C_{\text{Miss}} \cdot P_{\text{Target}}, C_{\text{FalseAlarm}} \cdot (1 - P_{\text{Target}}))} \quad (4.12)$$

4.5　話者ダイアライゼーション

話者ダイアライゼーションは，音声信号に対して，「誰がいつ話したか」（Who spoke when?）を明らかにする技術である。話者ダイアライゼーションにより得られた情報は，複数人による会議の議事録作成支援や，音声認識における話者適応などに利用される。

典型的な話者ダイアライゼーション[42] は，音声区間検出，話者セグメンテーション（話者交替検出），話者クラスタリング，リセグメンテーション，という要素技術からなる（**図 4.2**）。

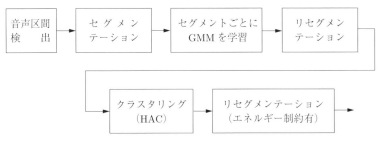

図 **4.2**　話者ダイアライゼーションの概要

音声区間検出　音声と非音声（無音，雑音，音楽など）が混在した信号から，音声区間のみを抽出する。

話者セグメンテーション　音声区間を短時間のセグメントに分割する。話者の切り替わり時刻を検出し，一人の音声のみからなるセグメントに分割することが望ましい。

話者クラスタリング　話者セグメンテーションによって得られたセグメント群に対して，どのセグメントが同一話者によるものかを推定する。得られたクラスタに対して話者の属性を関連づける処理が行われる。

リセグメンテーション　話者セグメンテーションで得られたセグメント境界（話者交替位置）の誤りをビタービアルゴリズムを用いて修正する。単語の途中での不適切なセグメントの分割などを修正することができる。

4.5.1 話者セグメンテーション

話者セグメンテーションの目的は，話者の瞬時的な切り替わり時刻（セグメント境界）を発見することである。一人の音声のみを含み，かつその話者を特徴づけるのに十分な継続長をもつセグメントを得ることが望ましい。

時刻 t が話者交替位置となることの尤もらしさは，「音声区間 X が同一話者の発話である」という仮説 H_0 と，「時刻 t の前後の音声区間 Y と Z は異なる話者による発話である」という仮説 H_1 の尤もらしさを計算し比較することで，評価することができる（**図 4.3**）。

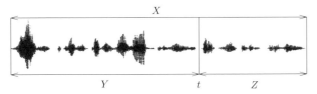

$L_0 = \log p(X|\theta_X)$ ：X が同一話者の音声である尤もらしさ
$L_1 = \log p(Y|\theta_Y) + \log p(Z|\theta_Z)$ ：Y と Z が異なる話者の音声である尤もらしさ
　　　$\theta_X, \theta_Y, \theta_Z$：確率モデルパラメータ（GMM など）
$LR = L_1 - L_0$ が大きければ話者交替位置とみなせる

図 4.3 話者セグメンテーションの概要

そこで，隣接する二つのウィンドウをスライドさせながら，ウィンドウ境界時刻 t が話者交替位置となることの尤もらしさを測っていき，その値が大きくなる箇所を話者の切り替わり位置とみなす。この話者交替に関する尤もらしさを測る基準としては，**GLR**（generalized likelihood ratio），**BIC**（Bayesian information criterion），**CLR**（cross likelihood ratio）などが用いられる。このとき，各話者のデータ（各ウィンドウに対応するデータ）はガウス分布や，混合正規分布（Gaussian mixture model, GMM）に従うと仮定することが多い。

4.5.2 話者クラスタリング

話者セグメンテーションにより得られた音声セグメント群に対し，同一の話者によるセグメントを束ねる処理が**話者クラスタリング**である。**階層的凝集型クラスタリング**（hierarchical agglomerative clustering, **HAC**）と呼ばれる

枠組みが最も広く用いられている。この枠組みにおいては，まず各セグメントをそれぞれ一つのクラスタとして初期化し，最も類似した二つのクラスタを統合するという処理を，終了条件を満たすまで繰り返す。クラスタの類似性を評価する尺度としては，話者セグメンテーションと同様に BIC や CLR などが用いられる。つまり，二つのクラスタの音声が同一話者による尤もらしさと異なる話者による尤もらしさを比較することで，どのクラスタを統合すべきかが評価される。

4.5.3　リセグメンテーション

話者セグメンテーションで得られたセグメント境界を修正する処理をリセグメンテーションと呼ぶ。一般的に，各話者（話者クラスタ）は GMM などの確率分布により表現されるので，各クラスタを状態とする隠れマルコフモデルを仮定し，ビタービアルゴリズムを用いることで，セグメントの境界を修正することができる。このとき，発話の切り替わりが生じている箇所では音声のエネルギーが小さいという仮定の下，話者交替位置を推定値の近傍 1 秒以内で最もエネルギーの小さい位置に移動させる，という処理の有効性も知られている。

4.5.4　話者の表現

話者ダイアライゼーションでは，発話者の類似性を評価可能な形で音声セグメントや話者クラスタを表現する必要があり，その精度はセグメンテーション，クラスタリングといった要素技術の性能のみならず，最終的な話者ダイアライゼーションの性能にも直結する。

音声セグメントや話者クラスタは，音響特徴ベクトル空間上の分布またはそれに準ずるものとして表現される。音響特徴ベクトルは，音響信号から 10 ミリ秒ごとに抽出される数十次元のベクトルであり，MFCC などが広く用いられている。前述した典型的なシステムにおいては，音声セグメントや話者クラスタは，MFCC 空間におけるガウス分布や混合正規分布として表現される。

一方，近年，音声信号を 1 秒ごとに均等に分割したスーパーフレームと呼ば

れる単位ごとに i-vector を抽出し, 話者ダイアライゼーションに用いる試みがなされている。前述のとおり, i-vector は, 話者認識において話者を識別するのに有効な特徴ベクトルとして知られている。また, i-vector 間の類似性の評価に用いられている確率的線形判別分析のスコアを, クラスタリングにおける評価尺度として用いる試みもなされ, BIC に基づく HAC の性能を大幅に改善することが知られている。同様のアプローチは, 深層話者埋め込みにより得られた x-vector に対してもなされている[43]。

さらに, 音響的な情報のみを用いて話者を表現することに加え, 複数人対話における発話の切り替わりを, 対話参加者の属性 (役職や会議中における役割) などの情報を用いてモデル化する試みもなされている。

4.5.5 クラスタリング技術

BIC に基づく HAC の他にも, さまざまな話者クラスタリング方式が利用されている。

〔1〕 *K* 平均クラスタリング   クラスタの平均を用いて, 与えられたクラスタ数 *K* にデータを分類する。話者ダイアライゼーションでは, i-vector などの話者特徴ベクトルで表現されたスーパーフレームやクラスタのクラスタリングに用いられる。クラスタ数 *K* は事前に与えておく必要がある。また, スペクトラルクラスタリングにおいては, 得られた固有ベクトルを新たな話者表現として *K* 平均クラスタリングを行うことで, 雑音やデータの違いなどの音環境の変動に頑健な話者クラスタリングを実現できる。

〔2〕 ベイズ学習によるクラスタリング   セグメントあるいはスーパーフレームが各クラスタに属する確率 (データのクラスタへの割当て) を, ベイズ学習の枠組みで推定することができる。推定には, 変分ベイズ法や階層的ディリクレ過程などが用いられる。クラスタ数を陽に与える必要はなく, データの話者クラスタへの対応づけと話者クラスタ数の推定を, 共通の評価基準 (自由エネルギー) の最大化問題として同時に行えるという特徴がある。

4.5.6　性 能 評 価

話者ダイアライゼーションシステムの性能は，ダイアライゼーション誤り率（diarization error rate, **DER**）によって評価されることが多い。これは，以下の誤受理率，誤棄却率，話者誤り率の総和として計算される。

誤受理率　非音声を音声と推定した確率

誤棄却率　音声を非音声と認識した確率

話者誤り率　音声を誤った話者とみなした確率

4.5.7　音声コーパス・ツール

欧州では AMI や AMIDA など，複数人会話（少人数の会議）の認識と理解を目的とした大規模な研究プロジェクトが推進され，その中で話者ダイアライゼーションの研究も積極的に行われた。構築された AMI コーパス[†]には，ヘッドセットマイクロホンで収録した音声（individual headset microphones, IHM）に加え，マイクロホンアレイで収録した遠隔発話音声（multiple distant microphones, MDM）も収録されている。MDM タスクは残響や他者の声もマイクロホンに混入するため，よりチャレンジングなタスクといえるが，アレイ信号処理技術を適用可能であり，推定した話者の位置情報を新たな話者の特徴として利用することもできる。話者ダイアライゼーションは，ラジオやテレビの主にニュース放送音声に適用することも検討されてきた。古くは，NIST Rich Transcription や ESTER などの評価キャンペーンにおいて，最近では，フランスのテレビ番組のデータに対する人物認識を目的とした REPERE チャレンジにおいても，話者ダイアライゼーションの研究が行われている。

引用・参考文献

1) Z. Wu, N. Evans, T. Kinnunen, J. Yamagishi, F. Alegre and H. Li：Spoofing and countermeasures for speaker verification: A survey, Speech Communication, **66**, pp.130–153 (2015)

---

† http://groups.inf.ed.ac.uk/ami/corpus/（2022 年 11 月現在）

2)　D. Reynolds：Speaker identification and verification using Gaussian mixture speaker models, Speech Communication, **17**, pp.91–108 (1995)

3)　D. Reynolds, T.F. Quatieri and R.B. Dunn：Speaker verification using adapted Gaussian mixture models, Digital Signal Processing, **10**, 1, pp.19–41 (2000)

4)　C. Cortes and V. Vapnik：Support–vector networks, Machine Learning, **20**, 3, pp.273–297 (1995)

5)　W. Campbell, D. Sturim and D. Reynolds：Support vector machines using GMM supervectors for speaker verification, IEEE Signal Processing Letters, **13**, 5, pp.308–311 (2006)

6)　P. Kenny, G. Boulianne, P. Oullet and P. Dumouchel：Joint factor analysis versus eigenchannels in speaker recognition, IEEE Transactions on Audio, Speech, and Language Processing, **15**, 4, pp.1435–1447 (2007)

7)　C. Leggetter and P. Woodland：Maximum likelihood linear regression for speaker adaptation of continuous density HMMs, Computer Speech and Language, **9**, pp.171–185 (1995)

8)　J. Mariethoz and S. Bengio：A comparative study of adaptation methods for speaker verification, Proc. ICSLP 2002, pp.581–584 (2002)

9)　M.–W. Mak, R. Hsiao and B. Mak：A comparison of various adaptation methods for speaker verification with limited enrollment data, Proc. ICASSP 2006, **1**, pp.929–932 (2006)

10)　Z. Karam and W. Campbell：A new kernel for SVM MLLR based speaker recognition, Proc. INTERSPEECH 2007, pp.290–293 (2007)

11)　A. Stolcke, S. Kajarekar, L. Ferrer and E. Shriberg：Speaker recognition with session variability normalization based on MLLR adaptation transforms., IEEE Transactions on Audio, Speech, and Language Processing, **15**, 7, pp.1987–1998 (2007)

12)　A. Hatch, S. Kajarekar and A. Stolcke：Within–class covariance normalization for SVM–based speaker recognition, Proc. INTERSPEECH 2006, pp.1471–1474 (2006)

13)　W. Campbell, D.E. Sturim, D.A. Reynolds and A. Solomonoff：SVM based speaker verification using a GMM supervector kernel and NAP variability compensation, Proc. ICASSP 2006, pp.97–100 (2006)

14)　F. Castaldo, D. Colibro, E. Dalmasso, P. Laface and C. Vair：Compensation of nuisance factors for speaker and language recognition, IEEE Transactions on Audio, Speech, and Language Processing, **15**, 7, pp.1969–1978 (2007)

15) R. Vogt and S. Sridharan：Explicit modeling of session variability for speaker verification, Computer Speech and Language, **22**, 1, pp.17–38 (2008)

16) W. Campbell：A sequence kernel and its application to speaker recognition, Advances in Neural Information Processing Systems 14, MIT Press (2002)

17) W. Campbell：A covariance kernel for SVM language recognition, Proc. ICASSP 2008, pp.4141–4144 (2008)

18) H. Okamoto, T. Matsui, H. Kawanami, H. Saruwatari and K. Shikano：Speaker verification with non–audible murmur segments by combining global alignment kernel and penalized logistic regression machine, Proc. INTERSPEECH 2008, pp.1369–1372 (2008)

19) T. Matsui and K. Tanabe：Comparative study of speaker identification methods: dPLRM, SVM and GMM, IEICE Transactions on Information and Systems, **E89–D**, 3, pp.1066–1073 (2006)

20) Z. Karam and W. Campbell：A multi–class MLLR kernel for SVM speaker recognition, Proc. ICASSP 2008, pp.4117–4120 (2008)

21) G.R.G. Lanckriet, N. Cristianin, P. Bartlett, L. El Ghaoul and M. Jordan：Learning the kernel matrix with semidefinite programming, Journol of Machine Learning Research, **5**, pp.27–72 (2004)

22) C. Longworth and M.J.F. Gales：Combining derivative and parametric kernels for speaker verification, IEEE Transactions on Audio, Speech, and Language Processing, **17**, 4, pp.748–757 (2009)

23) T. Ogawa, H. Hino, N. Murata and T. Kobayashi：Speaker verification robust to intra–speaker variation using multiple kernel learning based on conditional entropy minimization, Proc. INTERSPEECH 2011, pp.2741–2744 (2011)

24) P. Kenny, G. Boulianne, P. Ouellet and P. Dumouchl：Speaker and session variability in GMM–based speaker verification, IEEE Transactions on Audio, Speech, and Language Processing, **15**, 7, pp.1448–1460 (2007)

25) P. Kenny, P. Ouellet, N. Dehak, V. Gupta and P. Dumouchel：A study of interspeaker variability in speaker verification, IEEE Transactions on Audio, Speech, and Language Processing, **16**, 5, pp.980–988 (2008)

26) N. Dehak, P. Kenny, R. Dehak, P. Dumouchel and P. Ouellet：Front–end fac-

tor analysis for speaker verification, IEEE Transactions on Audio, Speech, and Language Processing, **19**, 4, pp.788–798 (2011)

27) P. Kenny：Bayesian speaker verification with heavy tailed priors, Proc. Odyssey 2010 (2010)

28) N. Dehak：Discriminative and generative approaches for long– and short–term speaker characteristics modeling: Application to speaker verification, Ph.D. dissertation, École de Technologie Supérieure, Montréal, QC (2009)

29) N. Dehak, R. Dehak, P. Kenny, N. Brümmer, P. Ouellet and P. Dumouchel：Support vector machines versus fast scoring in the low–dimensional to-tal variability space for speaker verification, Proc. INTERSPEECH 2009, pp.1559–1562 (2009)

30) N. Dehak and S. Shum：Low–dimensional speech representation based on factor analysis and its application, Tutorial in Proc. INTERSPEECH 2011；`http://people.csail.mit.edu/sshum/talks/ivector_tutorial_intersp eech_27Aug2011.pdf` (2021 年 8 月現在)

31) C.M. Bishop：Pattern recognition and machine learning, Springer (2006)

32) S.J.D. Prince：Probabilistic linear discriminant analysis for inference about identity, Proc. ICCV 2007, pp.1–8 (2007)

33) M. McLaren and D. van Leeuwen：Source–normalized LDA for ro-bust speaker recognition using i–vectors from multiple speech sources, IEEE Transactions on Audio, Speech, and Language Processing, **20**, 3, pp.755–766 (2012)

34) A. Kanagasundaram, D. Dean, R. Vogt, M. McLaren, S. Sridharan and M. Mason：Weighted LDA techniques for i–vector based speaker verification, Proc. ICASSP 2012, pp.4781–4784 (2012)

35) D. Garcia–Romero and C.Y. Espy–Wilson：Analysis of i–vector length normalization in speaker recognition system, Proc. INTERSPEECH 2011, pp.249–252 (2011)

36) N. Brümmer：EM for Probabilistic LDA, `https://ce23b256-a-62cb3a1a-s-sites.googlegroups.com/site/nikobrummer/EMforPLDA.pdf` (2021 年 8 月現在)

37) D. Snyder, D. Garcia–Romero, G. Shell, D. Povey and S. Khudanpur：X–vectors: Robust DNN embeddings for speaker recognition, Proc. ICASSP 2018, pp.5329–5333 (2018)

38) W. Cai, J. Chen, M. Li : Exploring the encoding layer and loss function in end–to–end speaker and language recognition system, Proc. Odyssey 2018 (2018)

39) S. Novoselov, A. Shulipa, I. Kremnev, A. Kozlov and V. Shchemelinin : On deep speaker embeddings for text independent speaker recognition, Proc. Odyssey 2018 (2018)

40) V. Peddinti, D. Povey and S. Khudanpur : A time delay neural network architecture for efficient modeling of long temporal contexts, Proc. INTER SPEECH, pp.3214–3218 (2015)

41) D. Snyder, G. Chen and D. Povey : Musan: A music, speech, and noise corpus, arXiv preprint, arXiv:1510.08484 (2015)

42) C. Barras, X. Zhu, S. Meignier and J.–L. Gauvain : Multistage speaker diarization of broadcast news, IEEE Transactions on Audio, Speech, and Language Processing, **14**, 5, pp.1505–1512 (2006)

43) D. Snyder, D. Garcia–Romero, G. Sell, A. McCree, D. Povey and S. Khudanpur : Speaker recognition for multi–speaker conversations using x–vectors, Proc. ICASSP, pp.5796–5800 (2019)

5章 音声対話システム

◆本章のテーマ

　音声対話システムは，音声認識や音声合成など音声に関連する技術を総合的に用いた応用の一つであり，古くから多くのシステムが開発されてきた。音声対話システムという単語が指す範囲は広く，音声入出力により単純な一問一答を行うシステムから，複数のユーザと話す対話ロボットまでが含まれる。本章では，まず始めにさまざまな音声対話システムのバリエーションを示すことで，以降の節で述べられる技術の前提を示す。その後，主に対話の言語的な側面，つまりユーザからの発話に対して，つぎにシステムがなにをいうべきかを決める対話管理を中心に説明する。最後に，音声対話システムの評価法についてふれる。

　「自然な音声対話」を人は無意識に行っているにもかかわらず，それを計算機上に実現するのは難しい。要素技術について学ぶことで，現在すでに実現されている部分を理解した上で，未達成である部分についても思いを馳せてほしい。

5.1 対話システムのバリエーション

　広義の**音声対話システム**（spoken dialogue system）とは，音声を入力としてなんらかの応答を返すシステムのことである。システムが応答を返すには，ユーザの音声を認識し，その内容に基づいて応答する必要がある。このことから，古くから**音声理解**の例題として多くの研究がなされてきた。より狭義には，「対話」システムであることから，コマンド＆コントロールのような，発話とそれに対する応答が1対1に対応するようなシステムは除外される。これは，例えば「ライトを点けて」というとライトが点くようなシステムを指す。つまり，対話システムという名前から，現在の発話より前に行われた発話の履歴が考慮されるシステムであることが含意されている。

　音声を使わないテキストベースの対話システムは，古くは1960年代から研究が行われてきており，ELIZA[23]やSHRDLU[26]などが有名である。音声を使った対話システムは，1990年代に米国防総省のDARPA主導でフライト検索（ATIS）をタスクとしたシステムが数多く開発された。これは電話を想定したシステムであったことから，ユーザは一人であり，またシステムへの入出力は基本的に音声のみであった†。

　このように音声対話システムは，歴史的には電話を想定した状況での研究が数多く行われてきた。5.2節以降では，この状況において培われてきた技術を中心に説明するが，その前に以下の各項では，対話システムのバリエーションについて説明する。これを通じて，5.2節以降で述べる基本的な構成の音声対話システムが暗に前提としている内容を示し，それらの技術の位置づけを図る。

5.1.1 モダリティ

　モダリティとは，入出力に用いる媒体（メディア）である。これを複数用いる場合は**マルチモーダル対話システム**（multi-modal dialogue system）と呼

---

†　入力の一部には電話のプッシュ信号（DTMF）も含む。

ばれる[†1]。特に，音声とそれ以外のメディア（例えば画像や映像など）を入力に用いる場合に，マルチモーダル対話システムと呼ばれることが多い。

音声入力の場合は，テキスト入力と比較すると音声認識誤りの可能性が存在する。このため，入力に誤りが存在することを考慮したシステム設計が必要となる。この点は，テキスト入力の対話システムと音声対話システムを分ける主要な要素の一つである。他にも，発話のタイミングや声の韻律など，非言語情報やパラ言語情報と呼ばれる情報も含まれることになる。

マルチモーダル対話システムでは，音声入力に加えて，画像や映像の情報が扱われる。このため，各メディア間の同期や調整が必要となる。例えばジェスチャを認識する場合，ジェスチャは数秒にわたり，またその認識結果は音声発話と同じタイミングや単位で得られるとはかぎらない。

出力とするメディアにも，さまざまなバリエーションがある。電話上で動作するシステムの場合の出力は音声のみであるが，例えばスマートフォン上で動作するシステムや大きな画面を出力に使用できる場合には，検索結果や映像を出力することもできる。画面上にバーチャルエージェントを表示する場合には，さまざまな動作や表情も表出可能である。ロボットと対話する場合も，表情やジェスチャなど，そのロボットのもつ表出能力に応じて出力が可能であり，さらには移動などの物理的アクションをシステムの出力とすることも可能である。

5.2 節以降では，上記のようなバリエーションの中でも，音声対話システムの最も基本的な構成である，音声入力・音声出力の場合を想定して説明を進める。

5.1.2　参　加　人　数

最も基本的な対話は，システムと一人のユーザとの間で行われる。ユーザ（ときにはシステム）が複数存在する場合は**マルチパーティ（multi–party）対話**[†2]と呼ばれる。

[†1]　なお言語学においてモダリティは様相を表す語であり，ここでのモダリティとは意味が異なる。

[†2]　対話（dialogue）と会話（conversation）を使い分ける場合もあるが，本章ではこれらを区別せず，すべて対話としている。

電話の場合は，1対1の対話が基本であり，またスマートフォン上のアプリも基本的にはユーザは一人であることが想定されている。これはスマートフォンなどの携帯端末が，個人による使用を想定しているためである。

一方で，ロボットとの対話はマルチパーティ対話となることが多い。これは，身体をもったロボットとの対話では，周辺にいる人もその対話に参加したり離脱したりできるからである。このようなマルチパーティ対話を扱うシステムの場合，発話者を同定するとともに，その人が誰に向かって話しているのか，つまり**受話者**（addressee）の推定が必要となる。人どうしの対話の場合，顔や体の方向，さらには言語内容によって，受話者が表現されている場合が多い。端的にいうと，二者間の対話では，入力音声は基本的に自分に向けられた発話とみなすことができ，それに対して応答する必要がある。これに対してマルチパーティ対話の場合は必ずしもそうではなく，得られた音声認識結果に対して応答するかどうかを，システムは判断する必要がある。

この点についても，5.2節以降では，最も基本的な構成である1対1の対話を前提として説明を進める。

5.1.3　タスクとドメイン

音声対話システムにおける**タスク**とは，検索や予約などシステムが遂行すべきことを指す。**ドメイン**とはそのタスクが対象としている領域である。タスクが検索である場合は，そのドメインは検索対象データベースが対象とする範囲となる。例えばレストランやホテルのデータベースを検索するタスクの場合，ドメインはそれぞれレストランとホテルである。

対話システムは，システムが遂行すべき明確なタスクをもつかどうかで，**タスク指向型対話システム**と，**非タスク指向型対話システム**に大別できる。後者は**雑談対話システム**とも呼ばれる。

前者のタスク指向型対話システムは，5.2.3項で述べるように，このタスクの種類が，主導権などシステムの設計に大きく影響する。

一方で，後者の非タスク指向型対話システムの源流はELIZA[23]にあり，基

本的に対話は一問一答として設計されることが多い。このような，履歴をまったく考慮しない完全な一問一答システムは，狭義の意味における対話システムではない。2010年代前半に登場したスマートフォン上の音声応答アプリは多くの部分が一問一答型であるが，履歴を考慮したやり取りも一部実装されている。

　非タスク指向型対話には明確なタスク（ゴール）はないとされる。ただし，一段メタなレベルで考えると目的は存在する。例えば，対話相手との**信頼関係**（rapport）を築くことや，時間潰しをする（ユーザを飽きさせないように対話をつづける）などである。タスクがないからといって，入力になんらかの関連がある応答さえすればよいわけではない。構築しようとしているシステムのメタな目的を踏まえたモデル化や設計が必要である。

　5.2節以降では，遂行すべきタスクをもつ，タスク指向型対話システムについて説明を進める。

5.1.4　発話の単位

　音声は時間的に連続した信号であるため，無音区間で挟まれた音声区間が，必ずしも意味的なまとまりに対応するとはかぎらない[37]。特に話者が考えながら話す場合には，言い淀みなどによって，意味的なまとまりの途中に無音区間が存在する場合もある。

　これに対して例えばテキストチャットの場合，一方が発話（意味的なひとまとまり）を入力した後にエンターキーを押すなどにより，意図的に区切りが示される。これを受けて他方が入力することで，**ターンテイキング**と呼ばれる構造が生じる。つまりこの場合，一方の発話が完全に終わった後に，他方が話し始めることになる。

　これと同様に，単純な音声対話システムでは，音声認識の前処理に当たる**発話区間検出**の結果と，ユーザの**発話意図**（**対話行為**[29]）の単位がつねに一致していることが前提とされている。より具体的には，ユーザが一つの発話意図を，必ず一息で話すことが前提とされている。さらには，ユーザとシステムがちょうど一発話ずつを交互に話すことも前提とされている。

これに対して，人間どうしの音声対話では，相手の発話が終わる前に話し始めることがある。この結果，たがいの発話が重なったり（**オーバーラップ**)†，相手の発話に割り込んで話し始める（**バージイン**）という現象が生じる。このように，人間が自然に話すほど，発話は単純に一定長以上の無音区間で区切られるわけではなく，また必ずしも一発話ずつ交互に行われるわけでもない。

人間どうしの自然な対話では，発話の途中でうなずいたり，相手の発話が完全に終わるのを待たずに話し始める。システムにこのような動作をさせるには，発話区間検出結果とそれに基づく音声認識結果を待つのではなく，ユーザ発話中にも処理を行い，適切な動作を決定しつづける必要がある。このような**漸次的理解**（incremental understanding）[19]と呼ばれる処理も必要となる。

以降の節では，上述した発話の単位の問題は簡単化のため扱わず，発話区間検出結果とユーザの意図の単位が一致した状況において説明を進める。

ここまでで述べたように，対話システムにはさまざまな側面があり，それに対応して多様なバリエーションがある。これに対して以降の節での説明は，最も基本的な状況が暗に前提とされていることに注意が必要である。つまり，入出力メディアは音声のみ，ユーザは1名，タスク指向，発話という単位がユーザ意図と対応する，という状況である。より広い対話システム一般については，例えば文献 29) などを参照されたい。

5.2　対話の主導権

対話の主導権とは，ユーザとシステムのどちらが，主に質問や問いかけを行うことで対話が進むのかを指す。特にタスク指向型対話では，一般に「働きかけ→応答」の部分構造の繰返しから構成されると考えることができる。この働きかけに当たる発話をユーザとシステムのどちらが主に行っているかによって，

---

†　トランシーバーにおける音声対話では，受信と送信を同時に行えないため，例えば「どうぞ」のような言葉で発話の終わりを明示的に示すことによりターンテイキングを成立させ，発話のオーバーラップが起こらないようにしている。

対話の主導権を定めることができる。対話の主導権自体は，行われた対話を観察することでわかる結果であるが，対話システムの設計とも密接に関係する。本節では，対話の主導権の観点から，音声対話の進み方について説明する。

5.2.1　ユーザ主導，システム主導，混合主導

ここではレストラン検索をタスクドメインとして，ユーザの好みに合ったレストランを検索して出力するという目的を満たすシステムを例として説明する。この目的を達成するために，ユーザはシステムに条件を伝え，システムはその条件に合致するレストランを出力することで，対話は進む。

まず**システム主導**の対話の例を図 **5.1** に示す。S はシステム，U はユーザの発話を表し，その後に番号を付けてそれぞれの発話を表す。以降の例でも同様とする。システムは S1 でレストランの地域の入力を要求し，それに対してユーザは新大阪駅周辺と答えている。つづいてシステムは S2 でジャンルの入力を促し，ユーザは居酒屋と答えている。このように，システムが具体的な質問を行い，これに対してユーザが答えることで進む対話を**システム主導対話**と呼ぶ。

S1	レストラン検索システムです。
	お探しのレストランの地域を教えてください。
U1	新大阪駅周辺です。
S2	どんなジャンルをご希望ですか。
U2	居酒屋がいいです。
S3	座敷があるほうがいいですか。
U3	どちらでもいいです。

図 5.1　システム主導の対話の例

システム主導対話では，システムから順に質問をしていくため，初心者を誘導するにはよい。一方で，一つずつ質問をすることになるため，多くのターンが必要であり，**タスク達成**（ここではレストランの検索結果を絞り込み，ユーザが満足する少数のレストランのリストを得ること）に時間がかかる。また，システムから行う質問の順番も重要である。特に入力が必須でない**スロット**がある場合，ユーザが入力したいスロットから順に尋ねられるのが望ましいが，図 5.1

の S3 のように，そのユーザにとってどうでもよい内容に対応するスロットに関する質問がつづくと，ユーザにとっては煩わしい。

システム主導対話では，システムの質問に対するユーザの回答の言語表現が予測できるため，音声認識のための語彙や文法を事前に設定できる。したがって，想定した発話に特化した入力理解（音声認識や言語理解†）を行うことができ，その性能向上が見込める。また，質問により文脈が絞り込まれているため，解釈のあいまい性も回避できる。例えば新幹線チケット予約タスクで，単に「東京」のように地名だけが入力された場合でも，直前のシステムの質問を踏まえると，それが出発地なのか到着地なのかを同定できる。一方で，ユーザがシステムの質問に答えず，システムの予測が外れた場合には，上記の内容はデメリットへと変わる。具体的には，システムの質問とは異なる内容やシステムの質問以上の情報をユーザが回答に含めた場合である。また，そこまでの対話の内容をユーザが訂正しようとした場合にも，システムにとって想定外の入力がなされがちである。

つぎに，**ユーザ主導**の例を図 **5.2** に示す。システムは，まず S1 で「ご用件をおっしゃってください。」とユーザに探したいレストランについて任意の条件を入力するよう促している。これに従い，ユーザは自分の希望する条件を入力している。U1 では，「新大阪駅の近く」，「居酒屋」のように，二つの条件を一つの発話で入力している。検索結果が得られた後，さらに S2 では，「他に条件があれば入力してください」と，ここでもユーザに入力内容を委ねている。この

S1　レストラン検索システムです。
　　　ご用件をおっしゃってください。
U1　新大阪駅の近くの居酒屋について教えてください。
S2　23 件あります。他に条件があれば入力してください。
U2　魚がおいしいところ。
S3　3 件あります。1 件目は魚自慢新大阪店です。

図 **5.2**　ユーザ主導の対話の例

---

†　音声認識結果などのテキストを入力として，タスク遂行のために必要な情報を得ること。5.3.1 項において詳述する。

ように，システム側からユーザの入力内容を制限することなく，対話は進む。

　ユーザ発話に特に制限がなく，ユーザは好みの順序で，自分にとって必要な項目から入力できるため，システムを使い慣れたユーザにとっては，システム発話を待つ必要がなく，また短いやり取りで対話が早く終わるという利点がある。一方で，初心者にとっては，どのような内容を入力してよいかわからずに困る場合がある。

　ユーザ主導対話では，ユーザの多様な発話に対応する必要があるため，あらゆる発話に対する入力処理（音声認識や言語理解）が必要とされる。したがって，システムからの入力予測が効きにくいため，音声認識や言語理解に誤りが生じる可能性はシステム主導対話よりも高いといえる。また実際，システムの質問によりユーザの発話が制限されないため，ユーザ発話のバリエーションは，システム主導の場合よりも大きくなる傾向にある[32]。

　どちら側からも適宜質問を行えるように，**混合主導**で対話を設計することが実際には多い。**混合主導対話**では，ユーザ主導対話をベースとしてユーザに質問することを許容した上で，システムもユーザを手助けするために発話を行うなどして実現できる。これにより，ユーザがいつでも主導権をとることができ，対話が自然になる。また検索を行うのに必要な項目を知っているユーザは，直接的に項目を入力でき，それにより対話の時間も短縮されるという利点がある。初心者ユーザの場合は，システム側からの誘導をうまく出力できれば，必要な情報を単純に質問に答えることにより入力できる。

　混合主導の対話の例を図 **5.3** に示す。ユーザ主導の場合と同様に，システムは S1 で「ご用件をおっしゃってください。」と促している。これに従い U1 でユーザが「新大阪駅の近く」，「居酒屋」という条件を入力した後に，システムが S2 で主導権をとり，予算について尋ねている。さらにシステムは主導権を保持し，つづいて S3 の質問を行っている。このように，ユーザとシステムの双方が主導権をとるのが混合主導である。

　このような混合主導対話は，基本的にシステム主導対話で遂行可能なタスク，つまり埋めるべきスロットが定められているタスクにおいて実現できる。まず，

S1	レストラン検索システムです。
	ご用件をおっしゃってください。
U1	新大阪駅の近くの居酒屋について教えてください。
S2	23件ありますが，一人当りの予算はどれくらいですか。
U2	5000円くらいです。
S3	全席禁煙の店がいいですか？

図 **5.3**　混合主導の対話の例

ユーザ発話に含まれる任意のスロット値をシステムが受理できるようにする。その上で，ユーザの発話の後に埋められていないスロットの内容を，なんらかの順序でユーザに埋めるように促す。埋めるべきスロットが複数ある場合のために，スロットの間にはあらかじめ順序を与えておく。このような混合主導対話は，フレームに基づく**対話管理モデル**において実現できる。詳しくは5.3.3項で述べる。

5.2.2　2階層の主導権

5.2.1項では，表層的にシステムとユーザのどちらから質問が行われているかに注目し，主導権について議論した。ここではさらに対話の主導権をつぎの2階層で考える[5]。

- **task initiative**
  タスク遂行，つまり対話のゴールを達成するために質問・誘導を行うもの
- **dialogue initiative**
  現在の対話の焦点を管理するなど，対話を成立させるためのもの

前者は大局的な主導権を表し，後者は局所的な主導権を表す。つまり，主導権をとって発話をしている場合にも2種類あり，大域的なタスク遂行のために主導権をとっている場合と，その時点における局所的な必要性により質問が行われる場合とが存在する。

図**5.4**を例として説明する。S1でシステムは，具体的な内容に関する質問ではなく，より広く入力を受け付ける質問をすることによって，主導権をdialogue initiative，task initiativeともにユーザへと渡している。S2では，U1の入力

		TI	DI
S1	ご用件をおっしゃってください。	System	System
U1	えっと, 飲み屋っていうか, 居酒屋ってありますか？	User	User
S2	居酒屋を探しているということでいいですか？	User	System
U2	はい。	User	System
S3	場所のご希望はありますか？	System	System
U3	新大阪周辺で。	System	System

TI：task initiative, DI：dialogue initiative

図 **5.4**　2 階層の主導権の例

に対して確認を行っており, 局所的にシステムが dialogue initiative をとった発話である。S3 の場面では, U2 の発話が働きかけではないため, dialogue initiative は再度システム側にある。ここで「他になにか条件はありますか？」のような質問を行い, task initiative を手放すことも可能である。これは task initiative をユーザにもたせつづけるユーザ主導対話に相当する。この図の例では, システムはつぎに場所を聞けばよいと知っており, task initiative をとって S3 の質問を行っている。このように, システム側が質問を行う場合でも, 上記の 2 種類のいずれの主導権に基づく質問であるか（task initiative をもっているか否か）による分類が可能である。

　システムが task initiative をとることができるのは, タスク遂行に関する知識をもっている場合である。つまり「つぎになにを尋ねればよいか」をシステムが知っている場合である。タスク遂行に関するモデル, つまり対話管理のモデルについては 5.3 節で述べる。

　一方, dialogue initiative は, ユーザの入力に対する確認など, ボトムアップな情報に基づきシステムがとることができる。特に音声を入力とする音声対話システムでは, 音声認識誤りに基づいた応答を防ぐのに必要な確認要求や, 入力発話の理解結果に関するあいまい性解消が必要である。さらには, 音声のみでインタラクションを行う場合は特に, ユーザがシステムに慣れていない状況では, 対話の流れの提示（「順におうかがいします。」）や, システムが想定する答え方の指示（「はい, またはいいえで答えてください。」）が有効となる場合

がある[10]。このように音声対話システムでは，task initiative に関する発話を考えるだけでなく，対話の破綻を防ぐために，局所的な dialogue initiative をとって発話する必要がある。

5.2.3 タスク指向型対話の抽象タスクと主導権

音声対話システムにおけるタスクを情報のフロー[35]に基づいて分類し，5.2.1項で述べた対話の主導権の設計指針についてふれる。

タスク指向型対話におけるタスクは，その情報のフローによって三つの**抽象タスク**に分類できる（**表 5.1**）。

1. スロットフィリング型
2. データベース検索型
3. 説明型

表 5.1 抽象タスクの種類[28]

情報のフロー	抽象タスク	タスク例
ユーザ → システム	スロットフィリング	テレフォンショッピング オンライン取引き
ユーザ ↔ システム	データベース検索	書籍注文 文献検索
ユーザ ← システム	説　　明	地理案内 操作マニュアル

例えば，**図 5.5** はスロットフィリング型のタスクであり，ユーザがシステムに伝えるべき内容（注文コードとサイズコード）がすでに決まっている。このような状態を，情報のフローが「ユーザ → システム」であるとする。つまり，値を得ればタスク達成とみなせる内容がすでにある場合で，この場合のシステ

S1	テレフォンショッピングシステムです。 品物の注文コードをお願いします。
U1	20171234 です。
S2	サイズコードをお願いします。
U2	L です。

図 5.5 伝えるべき内容が決まっているタスクの例

ムの目的は，その内容をユーザから聞き出すことである。

このように情報のフローが一方向である場合は，事前に対話の流れを設計できる。このため，単純にはその内容を一つずつ順に尋ねることで，対話が固定的で煩わしくなるという問題はあるものの，システム主導で対話を進めることができる。つまり，task initiative をシステムが保持したまま，対話をつづけることができる。このようなシステム主導で実現できるタスクを，より利便性や自然性を高めるために，図 5.4 の対話例のように task initiative をユーザに渡し，混合主導で対話を進めることもできる。

また，逆の一方向である「ユーザ ← システム」というフローとなる説明型のタスクの対話例を**図 5.6** に示す。ここでは，システムが一連の手順などをユーザに伝える（説明する）ことがタスクの目的である。ユーザは多くの場合，タスク遂行に必要な知識をほぼもっておらず，情報はシステムからユーザの方向に流れる。この場合も，task initiative はシステムにあるため，基本的には対話はシステム主導となる。局所的にはユーザからの内容の確認があるため，dialogue initiative がユーザに渡ることもある。

U1	阪大病院前駅からどう行けばよいでしょうか。
S1	駅から出て，右手の駐車場を越えて進みます。
U2	はい。
S2	すると池がありますので，車道に沿って右手に進み，5 分ほど進んでから右に曲がってください。
U3	はい。なにか目印になるようなものはありますか？
S3	車道沿いに「産研→」という看板があります。

図 5.6　説明型タスクにおける対話の例

これらに対して，情報のフローが双方向になる場合（ユーザ ↔ システム）も多い。システムからの出力を聞くことで，ユーザが自らの希望や条件の優先順位を明確化できる場合がこれに相当する。この場合，事前に対話の流れを書き下せないため，システム主導で効率的に対話を進めることはできない。例えば文献検索タスクで，ユーザの探している文献があいまいである場合，システムは検索結果をユーザに伝え，ユーザはその結果を見て検索条件をいろいろと変

えながら，希望に沿う文献を見つける。つまり，タスク遂行に必要な情報を，ユーザとシステムの双方がもっている。

このような場合，システムが完全に task initiative をとることはできず，基本的にユーザ主導対話としてシステムを設計することになる。システムが選んだ項目について質問をすることで，システム主導で対話を進めることもできるが，この場合図 5.1 の S3 のように，検索対象を絞り込むためにユーザに提示した条件がユーザにとって重要でなく，検索結果を絞り込めないという問題が発生する。

5.3　対話管理のモデル

音声対話システムにおける**対話管理**のモデルについて説明する。まず 5.3.1 項において，音声対話システムのモジュール構成を示し，対話管理の役割について説明する。つづいて，代表的な対話管理のモデルとして，5.3.2 項，5.3.3 項，5.3.4 項でそれぞれ，オートマトン（ネットワーク），フレーム，アジェンダに基づく対話管理について説明する。

5.3.1　音声対話システムのモジュール構成

音声対話システムは，一般に

1. 音声認識
2. 言語理解
3. 対話管理
4. 応答文生成
5. 音声合成

の五つの基本モジュールから構成される。これを**図 5.7** に示す。音声認識と音声合成については，本書の他の章で詳しく取り扱われているため，この節では2. 言語理解と 4. 応答文生成について述べる。3. 対話管理については 5.3.2 項以降で詳しく扱う。

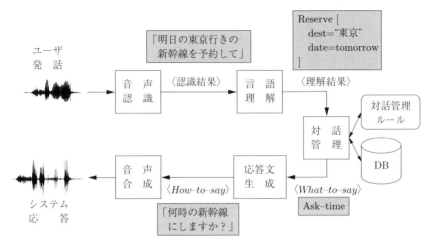

図 **5.7** 音声対話システムのモジュール構成

〔1〕 **言語理解** **言語理解**は，音声認識結果などのテキストから，対話管理部で使う情報を取り出すためのモジュールである。例えば，図 5.7 の例の場合，「明日の東京への新幹線を予約して」という音声認識結果に対して，これがシステムに予約を依頼する発話であることや，「明日」が日付であること，「東京」が地名であり目的地であることを取り出す。

このような言語理解の結果として得られる情報は**対話行為**と呼ばれる。対話行為は，そのタイプと，必要なスロットの内容を示す，複数の属性-値のペアから構成される[29]。上記の例では，予約（reserve）が対話行為タイプであり，「日付：明日」，「目的地：東京」が対話行為を構成する属性-値のペアである。

音声対話システムの対話管理部で必要とされる情報で，一発話から得るべき情報には以下がある。

1. ドメイン　　　　　　　　2. 意　図

3. スロット値

上記の例では，意図は対話行為タイプを表し，スロット値は属性-値のペアである。図 5.7 の例ではドメインを省略しているが，このシステムがマルチドメインである場合，まずドメイン（新幹線の予約なのか天気の検索なのか），つまり

どのデータベースをもったサブシステムにより応答すべきなのかを，同定する必要がある。これは例えば，「大阪城へ行きたいんだけど」というユーザ発話に対して，乗換情報と観光情報のどちらを出力すべきかという状況に相当する†。これらのドメインや意図，スロットを構成する属性やその値は，いずれも対象とするシステムの設計に応じて定められる。

　上記のドメイン同定や意図同定は，入力がすでに定められたクラスのどれに当たるのかを推定する**多クラス分類問題**として定式化できる[33]。スロット値の同定は，単語列に対してその一部が属するクラスを推定する，**系列ラベリング問題**として定式化できる。これは自然言語処理における**固有表現抽出**（named entity recognition，**NER**）とほぼ同じ問題設定である。いずれの問題もそれらを解くための機械学習手法が用いられる。つまり，多クラス分類問題には**最大エントロピー法**や**サポートベクトルマシン**（support vector machine，**SVM**），系列ラベリング問題には**条件付き確率場**（conditional random field，**CRF**）などである。近年では，大量の学習データが利用可能な場合には，それらを解くのにニューラルネットワークを使う研究も多い。

　さらに本来は，「明日」の指す具体的な日付（例えば「5月12日」）がわかる必要があり，同様に，例えば「今週の金曜」のような表現も理解できるのが望ましい。このような処理は事後的にルールで記述されることが多い。またスマートフォン上の一問一答型システムの場合，GPSから得られた現在地に最も近い駅を，出発地のデフォルト値とすることも多い[34]。

〔**2**〕**応答文生成**　　応答文生成は，対話管理部から応答文の対話行為などの情報を受け取り，それを自然言語表現として出力する。多くの対話システムでは，応答文生成はテンプレートに基づく方法で実現されている。つまり，例えば

　　　対話行為タイプ：行き先の確認

　　　言語表現：<dest>まででよろしいですか？

---

†　このように，直接的な検索要求ではなく，間接的な状況説明を行う発話である場合，文脈や意図（プラン）をくまないと，一発話の言語表現からだけでは正しいドメインを同定できない場合も多い。

というテンプレートをシステムがもっており，確認すべき内容が "dest=東京" であったとすると，これらを組み合わせることによって

　　　東京まででよろしいですか？

という応答文が生成されることになる。ただし，応答の対話行為タイプとその言語表現が 1 対 1 に対応するシステムでは，対話管理部からの出力を対話行為にするのではなく，自然言語文のテンプレートそのものにするということがしばしば行われる[†]。

　出力すべき対話行為が複数あったり，前に出力した文との関係を考慮しながらつぎの文を出力する場合，この応答文生成部は重要となる。例えば，5 月 11 日に，「5 月 11 日は晴れです。」，「5 月 11 日は洗濯物がよく乾くでしょう。」という 2 文をつづけて出力する場合を考える。これら 2 文をそのまま出力すると，いかにも機械的な応答だという印象をユーザに与えてしまう。これに対して，「今日は晴れなので，洗濯物がよく乾くでしょう。」という 1 文にまとめて出力できるほうがよい。これを実現するには，「それ」などの代名詞を用いたり，日本語の場合では省略する（ゼロ代名詞化）することも，自然な応答文の生成には必要である。また特にロボットとの対話の場合，実空間中のオブジェクトをどのような表現で参照するかという課題もある。また，出力すべき内容（対話行為）に加えて，システムのキャラクターやシステムの感情をコントロールしたい場合，応答文生成部は必要となる。

　ただし，一般に，生成問題は正解が一意に定まらないこともあり，研究は必ずしも盛んに行われては来なかった。一方で，ユーザに与える主観的な印象は生成文の品質に強く依存するため，システムの完成度が上がるにつれて重要性が増す部分である。

5.3.2　オートマトンに基づく対話管理

対話管理部の入出力は以下のようにまとめられる。

[†] 後述する図 5.8 のオートマトンでも，出力する自然言語文が直接書き込まれている。

入力：ユーザ発話の言語理解結果（とそれまでの対話履歴）

出力：システム発話の対話行為

以降ではドメインは単一であるとする。またすでに述べたように，出力は対話行為を介さず，システム発話を直接出力する場合も多い。

対話管理部のモデルの最も単純なものとして，**オートマトンに基づく対話管理**がある。この**オートマトン**は**ネットワークモデル**とも呼ばれる[29]。ここでは，システムの状態をオートマトンの状態として表し，ユーザの対話行為が入力されるとつぎの状態に遷移するというものである。これにより，システムの状態に応じて，同じユーザ発話が入力されたとしても，システムは異なる応答をすることになる。

オートマトンの例を図 **5.8** に示す。U と S はそれぞれ，ユーザ発話，システム発話を表す。各状態に至った際に，その状態に対応させたシステム発話を生成するという表記にしている†。状態間の遷移はユーザ発話により行われる。ϕ は無条件で遷移することを示す。ここではわかりやすさのために遷移条件にも

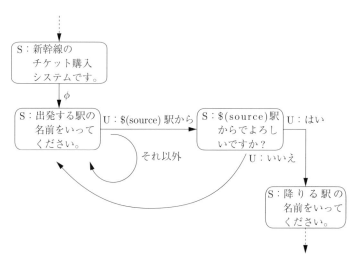

図 **5.8**　オートマトンに基づく対話管理

---

†　各遷移に対する出力としてシステム発話をもつ，有限状態トランスデューサとして記述
　することもできる。

具体的なユーザ発話のテンプレートを記載しているが，ユーザ発話には多様な表現があり，それを対話行為に抽象化して集約する必要があることから，対話行為を遷移条件とするほうが適当である。

オートマトンによる対話管理の最大の利点は，わかりやすさである。システム開発者は，それぞれの状態におけるシステムの動作を，その状態からの遷移として直観的に記述できる。

一方で，オートマトンによる対話管理の欠点は，上記のわかりやすさの裏返しとして，すべてを人手で書く必要があることである。状態が十個程度であれば全体を把握できるが，それを上回る数の状態を定義し，その間の遷移を考えるのは，記述の手間のみならず，一部を修正する場合などの管理のコストも膨大になる。また，オートマトンに記述されていない発話が入力された場合に，柔軟な対応ができないという問題もある。例えば図 5.8 では，「出発する駅の名前をいってください」というシステム発話の後に，入力が「$(source) 駅から」以外である場合，元の状態に戻り「出発する駅の名前をいってください」というシステム発話を繰り返すことになる。つまり，ユーザがシステム開発者の想定しない発話を行った場合，同じ状態でループしつづける恐れがある。各状態で想定する発話の種類を増やすと，前述のように，記述や管理のコストが増大することになる。例えば「新大阪駅から東京駅まで」のような，出発地と到着地を一発話に含む発話を処理できるようにする場合，その遷移も人手で追加する必要が生じる。

さらに，図 5.8 のオートマトンでは，出発する駅名が入力された後に，「$(source) 駅からでよろしいですか？」という明示的確認を必ず行うことになっている。誤った音声認識結果がシステムに受理された場合，後にそれを訂正する手段は必要であるが，このオートマトンではこの遷移以外に訂正する手段はない。一方で，毎回確認が行われるのは，慣れたユーザにとっては煩わしい。また，目的地である駅が入力された後にも同様の確認を行う場合には，同様の遷移を人手で記述する必要があり，これも記述や管理のコストを増加させる。

5.3.3 フレームに基づく対話管理

前項のオートマトンに基づくモデルでは，システムに行わせる対話の流れを，表層的にすべて書き下す必要があった。これに対して，対話の結果としてシステムが得る情報を**フレーム**としてモデル化し，その内容を埋めるべく対話を進めるという方法がある。これを**フレームに基づく対話管理**（frame–based dialogue management）と呼ぶ[1]。

図 5.9 にフレームの例を挙げる。フレームは属性名と属性値のペアの集合からなる。これらはスロット名，スロット値と呼ばれることもある。ここでは例として，新幹線予約をタスクとした対話を考え，「明日の東京行きの新幹線をお願いします」という発話の内容がフレームに格納された状態を表している[†1]。属性値の「−」は未指定であることを示す。

$$
\begin{array}{ll}
日付: & 明日 \\
出発地: & - \\
到着地: & 東京 \\
枚数: & - \\
出発時刻: & - \\
到着時刻: & - \\
座席: & \begin{bmatrix} 座席指定: & - \\ 禁煙喫煙: & - \\ 位置希望: & - \end{bmatrix}
\end{array}
$$

図 5.9 フレームの例

このフレームを用いた対話管理の基本的な考え方は，「埋められていない属性値を取得する」である。つまり，例えば図 5.9 の状態にある場合，システムから「出発地はどこですか」のような質問を行うことができる[†2]。また，属性に対して，必須であるものと任意であるものを定めておけば，必須属性のみを尋ねていけば目的が達成できる。図 5.9 の場合，例えば座席の位置希望は任意であるとすることもできる。必須属性が複数残っている場合には，それを尋ねる順序のみ，事前に与えておけばよい。

---

†1　ここでは，システムが受理した属性値を集約しているため，発話の意図（発話行為タイプ）は含めていない。

†2　現在地が GPS などから既知である場合や，利用履歴からいつも使う駅がわかる場合には，それらをデフォルト値とすることも考えられる[34]。

　フレームに基づく対話管理の利点の一つは，任意かつ複数の属性を一度に入力可能なことである。上述の例でも，日付と到着地を同時に指定している。5.3.2項のオートマトンにおいてこれを実現しようとすると，これらのあり得る組合せを，すべて事前に遷移として書き下しておく必要がある。

　このモデルに基づいて，混合主導対話を実現できる。つまり，対話の最初は「予約する条件を入力してください」のように尋ね，必須属性がすべて埋められた後は「他に何か条件はありますか？」のようにユーザに主導権を与えて自由に発話させる。その後，埋められていない必須属性がある場合には，システムが主導権をとり，その値を尋ねる質問を生成する。このような混合主導対話は，VoiceXML においても form 要素を使うことで実現されており，**FIA**（form interpretation algorithm）と呼ばれる[35][†1]。

　また，図 5.9 の例では，入力された属性値を決定的にフレームに書き込んでいるが，特に音声認識や言語理解の誤りによってこれを考慮して，システムが把握している属性値とともに，それに対する基盤化の有無，さらにはその度合いを保持するモデルもある[29]。

　フレームの中で管理されている属性の値は，対話が進むにつれて変わっていく。この属性値の集合を**対話状態**とし，これを推定し追跡するのが，**対話状態追跡**（dialogue state tracking）である。対話状態追跡は，音声認識や言語理解における誤りやあいまい性を考慮して行われることが多いことから，決定的な属性値が定まった状態ではなく，その属性値の集合を確率変数とした離散確率分布を推定する問題とされることが多い[†2]。対話状態追跡については 5.4 節で詳しく述べる。

5.3.4　アジェンダに基づく対話管理

　ある目的を達成するには，それを構成するいくつかの部分タスク（サブタス

[†1]　VoiceXML の FIA では，埋められていない属性を尋ねる順序は，ファイル内の記述の順序とされている。

[†2]　確率値として扱うことで，前述した基盤化の度合いもそれで表現されていると考えることもできる。

ク）を遂行する必要がある場合がある。例えば，レストランを探して予約をするというタスクは，レストランを探す，予約の人数や時間を伝える，名前や電話番号などの連絡先を伝える，などのサブタスクに分解できる。これらのサブタスクも，さらに細かいサブタスクに分解できる。例えば「連絡先を伝える」というサブタスクは，名前を尋ね，必要ならその表記（漢字表記やスペル）を確かめる，というサブタスクに分解できる。

また，上記のサブタスクの遂行順序は，順番を入れ替えられるものもある。例えば，最初に連絡先を尋ねるというシステムもあるだろう（まずアカウントの有無を確認するようなシステムに相当する）。

アジェンダに基づく対話管理[3),14)] は，複数のフレームをもちうるサブタスクを管理するための手法である。**アジェンダ**とは，並べ替え可能なタスクのリストを指す。前節で述べたフレームに基づく対話管理でのシステムの目標は，一つのフレームで表される内容を埋めることであった。これに対して，実際のアプリケーションでは，上で例示したように，複数の段階のタスクを達成すべきものがある。タスクを複数のサブタスクに分割してそれを達成する手順を考えることや，ゴールの達成のためにすべき残りタスクを管理するという考え方は，人工知能分野におけるプランニング[6)] の研究の流れを汲んでいる。

アジェンダに基づいて対話管理を行う **RavenClaw**[3)] というフレームワークの例がある。これはカーネギーメロン大学で開発された対話システムのモジュール群である Olympus の一部として，オープンソースソフトウェアとして公開されている[†]。

RavenClaw では，対話の内容や手続きに関する記述を，**対話タスク木**（dialog task specification）という木構造で表現する。この例を**図 5.10** に示す。角のある四角は非終端ノードであり，その下位のノードのタスクが遂行されたかどうかなどを管理する。角の丸い四角は終端ノードであり，質問，情報提供，情報収集，実行という具体的なシステムの動作を規定する。図の例では，旅行手配システムにおいて，往路の手配内容の確定には出発地や到着地などを確定さ

---

† http://wiki.speech.cs.cmu.edu/olympus/index.php/Olympus（2022 年 11 月現在）

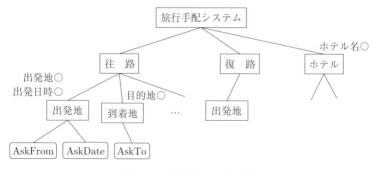

図 **5.10** 対話タスク木の例

せる必要がある，といった依存関係が記述されている†。

　実行時には，対話タスク木にある各ノードは，**対話スタック**と呼ばれるスタックで管理される。つまり，対話タスク木をたどるごとにそれがスタックにプッシュされ，ノードの処理が終了するとポップされる。システムは，スタックのトップにあるノードを実行する（非終端ノードの場合はその下位のノードをたどる）ことで，対話は進んでいく。まだなにも入力されていない状態（対話開始時点）では，この木を行きがけ順にたどりながらノードをスタックにプッシュする。例えば図 5.10 の例では初めて得られる終端ノードとして AskFrom が実行される。つまり，「出発地を教えてください。」のような質問が出力される。

　上記のように単純に木を順にたどるだけである場合，対話のフローは固定的になる。アジェンダに基づく対話管理では，システムが質問した内容以外も受理できる必要があるが，これを RavenClaw では expectation agenda として動的に管理している。具体的には，その時点でユーザが入力可能性な発話（つまりそれらに対応する音声認識や言語理解の文法などの言語制約）を動的に保持する。これにより，要求した以上のことをユーザが答えたり，ユーザが先に別の箇所の内容を答えたりした場合にも対応でき，また達成する必要がある残りのサブタスクも管理できる。

　このような対話管理により，以下で述べるメリットが得られる。まず，すでに述べたように，ユーザがシステムの質問以上の内容を回答した場合にも対応

---

† 他にも，航空会社の指定や座席の好みなどを入力させることも考えられる。

できる。つぎに，ユーザはシステムの質問に従うこともできれば，その時点で入力したいことをシステムの質問に従わずに話すこともできる。つまり，混合主導で対話を進めることができる。さらに，対話スタックがその時点での対話の状態を管理していることから，コンテクストに基づくあいまい性解消が可能である。例えば，地名が入力された場合に，それが出発地であるのか目的地であるのかを，そのときの対話の状態に基づいて解釈できる。また，expectation agenda の状態に応じて，状態依存言語モデルを考えることもできる。

また RavenClaw の特筆すべき点として，対話管理の中の，ドメインに依存する部分とドメインに依存しない部分とが分離して設計されている点がある。前者のドメインに依存する部分は，上述した対話の流れに関する情報であり，これはドメインごとに人手で用意する必要がある。一方，後者のドメインに依存しない部分として，音声認識誤りを扱うための確認要求やターンテイキングのためのモジュールとともに，対話一般で必要な要素が記述されている。例えば，ユーザが一定時間発話しなかった場合(タイムアウト)やユーザがシステム発話に割り込んだ場合(バージイン)の挙動や，「もう一度いってください」，「一つ前の状態に戻ってください」，「最初からやり直します」などのユーザ発話に対する挙動である。

なおこの文献 3) にはエラーが生じた場合の確認方法も列挙されている。特に，システムがユーザ発話からまったく理解結果を得られなかった場合(non-understanding)に，再発話を促す表現が列挙されている[†1]。

5.4 対話戦略の学習

対話管理部は，一連のユーザ発話の言語理解結果を入力とし，それに対するシステム発話を出力する[†2]。対話にはそれまでの履歴があるため，それらの**対**

[†1] 複数の確認表現をどう選択するのかまではふれていないが，別の文献 2) において，それぞれの確認表現を使用した場合にタスク成功率やユーザ満足度に与える影響の分析が行われている。

[†2] 図 5.7 の枠組みでは対話行為が出力されることになるが，5.3.1 項で述べたように，実際にはこの部分を簡略化し，直接システム発話を出力することが多い。

話履歴も織り込んだ上で，対話状態を表現する。この各対話状態において，最適とされる発話を選ぶ手法の一つとして強化学習がある。これらを通じて，対話管理部の出力であるシステム発話の選択を最適化することを，ここでは**対話戦略**の学習と呼ぶ。

このプロセスは以下に二分できる。

1. 対話状態推定
2. 発話選択

概略を**図 5.11** に示す。前者は，入力されたユーザ発話や一つ前の対話状態などから，現在の対話状態を求めるという問題である。この対話状態の推定値を追跡する問題は，対話状態追跡または**信念追跡**（belief tracking）と呼ばれる。この性能を競うコンテストとして DSTC（Dialogue State Tracking Challenge）[25) が知られている[†]。

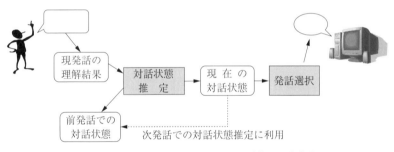

図 5.11　対話戦略の学習における対話管理の全体像

推定された対話状態に基づき，つぎの発話が選択される。つまり入力はそのときの対話状態であり，出力はシステムの行動（つまりシステム発話）である。これを**方策**（policy）として得ることになる。方策の最適化の尺度は，その方策により選択される一連の発話で得られることになる**報酬**の総和の期待値であり，これを最大化することが目標となる。

なお，一問一答型システムは，履歴を考慮せず，入力に対して適切な応答を

---

† 2017 年の 6 回目のコンテスト DSTC6 から，対話状態追跡にかぎらない対話システム一般の技術に関するコンテストに発展したとして，DSTC は Dialogue System Technology Challenge の頭字語に変更された。

選ぶという問題設定である。このため対話戦略は存在しない。

5.4.1 対話状態推定

ここでは，タスク指向型対話システムにおける一例として，ある時点での対話状態はフレームで表現されるとする。フレームは，図5.9に示したように，属性名とその値のペアの集合からなる。つまり，対話開始からその時点までの対話の内容について，ユーザ発話の理解結果を蓄積しフレームとして表現したものを，対話状態とする。

この理解結果や対話状態には，しばしば入力理解（音声認識や言語理解）における誤りやあいまい性が混入する。これへの対処として，複数の入力理解結果の候補を得て，複数の対話状態の候補を保持するのがよい。例えば図 **5.12** の例では，入力理解の結果として，「出発地＝新大阪」と「出発地＝新横浜」の二つの理解結果の候補が得られている。これらに対して一発話ごとに一意に結果を確定させるのではなく，複数の対話状態の可能性を候補として保持する。図5.12の例では，前発話での対話状態にも複数の候補があり，これらと複数の理解結果の両方を考慮して新たな対話状態としている。

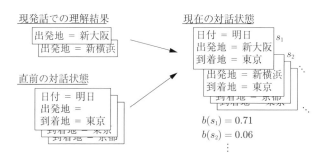

図 **5.12**　複数保持される対話状態の例

この対話状態の遷移に**マルコフ性**を仮定する。つまり，現在の状態は，システムの行動と一つ前の状態のみから定まるとする[†]。

モデルを**図 5.13** に図示する。a はシステムの行動（システム発話），o は部

---

† 過去の履歴は，状態に含まれてすでに表現されていると考える。

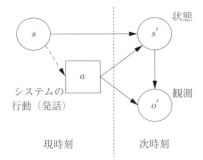

状態

システムの
行動（発話）

観測

現時刻　　　　次時刻

図 5.13 対話状態の更新
の概略図

分的に得られる観測（入力理解結果），s は対話状態である。各記号に付けられた $'$ は次時刻を表す。円は変数，四角はシステムが決定した既知の値，実線の矢印は依存関係を表す。点線の矢印は，状態に基づいてシステムの行動が決定されることを表す。ユーザから得た入力理解結果 o' は，システム発話 a と，新しい対話状態 s' に依存して，確率 $P(o'|s', a)$ に従って観測されるとする[†1]。

このように，状態が直接には観測できず，それに基づく部分的な観測 o' のみが得られるとするモデル化は，**部分観測マルコフ決定過程**（partially observable Markov decision process, **POMDP**）と呼ばれる[†2]。つまり POMDP では真の状態は直接観測できない。実際，音声認識や言語理解などの入力理解の誤りにより，システムは真の状態を知ることはできない。このような状況を表現するのに POMDP は適している。複数の対話状態 s を確率変数とした離散確率分布 $b(s)$ を**信念**（belief）と呼び，これを管理する。この信念は，その時点までの履歴を縮約した表現になっている。

この信念 $b(s)$ を推定する問題が信念追跡である。図 5.13 のモデルでは，信念 $b(s)$，システム発話 a と，観測されたユーザ発話の理解結果 o' から，次時刻の信念 $b'(s')$ を求めることになる。この $b(s)$ の更新式は式 (5.1) で与えられる[24]。

---

†1　これを o' ではなく o とする表記もあるが，この分野の標準に合わせて o' とする。

†2　状態 s が観測可能であるとするのは**マルコフ決定過程**（Markov decision process, **MDP**）である。MDP を用いた対話システムの研究は 1990 年代より行われていた[11),21)]。その後，入力理解結果のあいまい性を確率的に表現できるよう，2007 年に POMDP が音声対話システムに導入された[24)]。

$$b'(s') = \frac{P(o'|s',a) \displaystyle\sum_{s \in S} P(s'|s,a)b(s)}{P(o'|a,b(s))} \tag{5.1}$$

$$\propto P(o'|s',a) \sum_{s \in S} P(s'|s,a)b(s) \tag{5.2}$$

$P(s'|s,a)$ は状態 s から状態 s' への遷移確率，$P(o'|s',a)$ は状態 s' において o' が観測される確率であり，図 5.13 に示されているように，いずれも a に依存している。

式 (5.2) が表す計算は，以下の手続きに相当する。まず，現在の各状態 s について，システム発話 a を踏まえた次状態 s' の確率を，状態遷移確率 $P(s'|s,a)$ を用いて計算する。つぎに，その結果得られる次状態 s' の確率に対して，観測確率 $P(o'|s',a)$ により重みを乗じる。このようにして各次状態 s' に対する確率を得て，次時刻の信念を表す離散確率分布 $b'(s')$ を得る。

信念を離散確率分布で表現して管理することで，音声対話システムにおける入力理解の誤りやあいまい性への対処法を統一的に扱える。一つは，入力理解の確信度に基づいた理解結果の取捨選択[38]である。信念の追跡により，入力理解結果が得られたときのみにかぎらず，任意のタイミングで，例えば確信度が低く誤りである可能性の高い理解結果を棄却できる。つぎに，一発話の理解結果にあいまい性がある場合に理解結果を複数保持しておいて，後に複数の発話を総合して理解結果を得る[7]という工夫である。これも保持された信念に対するしきい値処理で実現できる。さらに，誤りである可能性が高い理解結果について確認を行うことなど，適切な発話を選ぶことも有効である。これは信念として保持されている状態に基づき，新たに報酬を定義することで，将来まで見越してシステムが行うべき発話の選択として実現できる。このような発話選択については次項で説明する。

状態 s の表現方法には工夫が必要である。可能な対話状態を，単純に属性がとり得る値の任意の組合せとすると，その集合のサイズは非常に大きくなる。例えば新幹線のチケット予約システムの場合，駅の数が仮に 100 個とすると，

乗車駅と降車駅の組だけで状態数は駅の数の 2 乗オーダー（$100 \times 99 = 9\,900$ 種類）となる。さらに，状態ごとに可能なシステムの行動（システム発話）とともに観測確率や状態遷移確率を考えると，このような巨大な空間における最適化は非常に困難となる。対話状態を簡略化する取組みとして，論文 24) では，状態 s を三つの要素（ユーザの目標 s_u，ユーザの行動 a_u，対話履歴 s_d）に分解し，これらが独立と仮定して簡略化することで POMDP を動作させている。さらに，Young らは，状態がとり得る空間をこの三つ組で表した上で，ユーザの目標を固定するなど，いくつかの単純化を行うことで状態空間を集約した HIS（hidden information state）モデルを提案している[27]。適切な依存関係のみを考慮した上で信念の更新法を工夫することで，膨大な数の組合せの管理を回避する手法も提案されている[18]。

5.4.2　発 話 選 択

発話選択は，対話状態に基づき，事前に定められた集合の中からつぎのシステムの行動，つまりシステム発話を選ぶ処理である。本項ではまず，MDP において最適な発話選択を行う方法について説明し，最後により複雑な POMDP における発話選択の最適化についてふれる。

発話選択は，対話状態 s が与えられたときに，システムの行動 a を規定する方策 π が得られれば可能となる。方策 π を最適化する尺度には，将来の予測まで含めた報酬の総和が用いられる。つまり直近のメリットだけを考えて発話を選ぶのではなく，最終的によくなる可能性まで考えて発話を選ぶのがよいという考え方である。例えば，ある時点で，システムが確認要求と新たな質問のどちらを行うべきかを最適に決めるには，その時点での損得だけではなく，最終的な目標が達成できそうかという先読みに基づいて決めるのがよい。

これを表現するために，**割引報酬和**（discounted total reward）R を考える。

$$R = \sum_{t}^{\infty} \gamma^{t-1} r_t \tag{5.3}$$

r_t は将来の時刻 t それぞれにおいて得られる報酬（すなわち即時報酬）である。

γ は**割引率**（discount factor, $0 \leqq \gamma \leqq 1$）であり，より遠い将来に得られるはずの報酬の価値を割り引いて評価する。

この割引報酬和を最大化する方策 π を得ることがここでの目標となる。この際の前提として

- 環境のモデル（状態遷移確率）が既知の場合
- 環境のモデル（状態遷移確率）が未知の場合

がある。以下ではまず前者の場合の解法を述べる。後者の場合は環境のモデルが未知であるため，実際に環境とのインタラクションを行い，強化学習により方策を得ることになる。

環境のモデルが既知の場合には，動的計画法により最適な方策を求めることができる。方策は現在の状態 s においてとる行動 a を求めることであるため，この条件付き分布を $\pi(s, a) = p(a|s)$ とする。このとき，ある定常な方策 π を採用した場合の割引報酬和を，以下のように**状態価値関数**（state–value function）$V^{\pi}(s)$ とする。

$$V^{\pi}(s) = E_{\pi}\left[\sum_{t}^{\infty} \gamma^{t-1} r_t\right] \tag{5.4}$$

ここで $E_{\pi}[\cdot]$ は方策 π の下での期待値である。状態価値関数 $V^{\pi}(s)$ は現在の状態 s のみに依存する。これを再帰的に書き下すと，以下の**ベルマン方程式**が得られる。

$$V^{\pi}(s) = \sum_{a \in A(s)} \pi(s, a) \sum_{s' \in S} p(s'|s, a)\{R(s, a) + \gamma V^{\pi}(s')\} \tag{5.5}$$

ここで $R(s, a)$ は状態 s で行動 a をした際に得られる報酬であり，s と a により決まるとしている。$A(s)$ は状態 s で可能な行動の集合である。

任意の π および s に対し，$V^{\pi^*}(s) \geqq V^{\pi}(s)$ を満たす方策 π^* を**最適方策**（optimal policy）と呼ぶ。最適方策 π^* を採用したときの状態価値関数の最大値 $V^*(s) = \max_{\pi} V^{\pi}(s)$ は，つぎの式を満たす。

$$V^*(s) = \max_{a \in A(s)} \sum_{s' \in S} p(s'|s, a)\{R(s, a) + \gamma V^*(s')\} \tag{5.6}$$

　この状態価値関数の値は動的計画法により求められる。状態価値関数のみを更新する**価値反復法**（value iteration）と，方策と価値関数を交互に最適化する**方策反復法**（policy iteration）がある[15]。ここでは価値反復法の解法の概略を示す。ベルマン方程式を満たす価値関数の値を繰り返し計算により求める。つまり，ステップ i における価値関数の計算結果を $V_i(s)$ とすると，更新式は以下で記述される。

$$V_{i+1}(s) = \max_{a \in A(s)} \sum_{s' \in S} p(s'|s,a)\{R(s,a) + \gamma V_i(s')\} \qquad (5.7)$$

上式をすべての状態 $s \in S$ について値が収束するまで繰り返したときの値を $V_\infty(s)$ とすると，状態 s で最適方策 π^* により選ばれる行動 a は次式で得られる。

$$\operatorname*{argmax}_{a \in A(s)} \sum_{s' \in S} p(s'|s,a)\{R(s,a) + \gamma V_\infty(s')\} \qquad (5.8)$$

　一方で，環境のモデル（状態遷移確率）が未知の場合は，**強化学習**により，環境とのインタラクションを行った経験に基づいて，方策を得る。有名な手法として **Q 学習**（Q–learning）がある。Q 学習では，状態 s で行動 a をとった際の行動価値 $Q(s,a)$ を求める。これは **Q 値**と呼ばれる。更新式の中に，状態遷移確率 $p(s'|s,a)$ が含まれていないことに注意されたい。

$$Q(s,a) \leftarrow Q(s,a) + \alpha \left\{ R(s',a) + \gamma \max_p Q(s',p) - Q(s,a) \right\} \quad (5.9)$$

この更新式で，Q 値が収束するまで計算をつづける。つまり上式右辺の第 2 項がほぼ 0 となるまで更新する。α は学習率であり，Q 値を各ステップでどの程度更新するかを設定するパラメータである。

　Q 学習は**方策オフ型**の強化学習手法として知られている。式 (5.9) では，つねに最も高い行動価値をもつ行動を次状態で選ぶため，この式には方策が陽に現れていない。これに対して，行動価値が最大となる行動のみに絞らずに，方策を考慮して更新する強化学習アルゴリズムは**方策オン型**と呼ばれ，代表的なものとして SARSA が知られている。これらを含む強化学習の詳細については，例えば文献 30),36) などを参照されたい。また行動価値関数の値を，ニューラ

ルネットワークにより関数近似して学習する深層強化学習も近年しばしば用いられる。

環境のモデル（状態遷移確率）が未知の場合に強化学習を行うには，環境とのインタラクションが必要である。これは対話システムにおいては，ユーザと対話をすることに相当する。しかしながら，実際に人間のユーザを相手に莫大な回数の試行錯誤をすることは不可能なので，ユーザの振舞いをシミュレートするモデル（ユーザモデル）がしばしば用いられる[16]。

最後に，POMDP における発話選択の最適化についてふれる。まず環境のモデルが既知である場合には，すべての状態に関する信念の値を状態とみなすことで，MDP と同様に扱えることが知られている。こうして得られる MDP は信念 MDP（belief MDP）と呼ばれる。POMDP に無限個の信念が存在することから，信念 MDP は信念状態空間という新たな連続空間上で定義される。論文 24) では，POMDP を信念 MDP とした上で，価値反復法の近似解法である PBVI（point–based value iteration）による最適化が具体例とともに示されている。

一方で，環境のモデルが未知である場合に POMDP を解くことは簡単ではない。この場合の解法はより専門的な教科書[30],[36] を参照されたい。

5.5　音声対話システムの評価

5.5.1　評価の難しさ

あらゆる音声対話システムを統一的に評価できる指標は存在しない。例えば音声認識の評価であれば，文，単語，文字，音素という単位のバリエーションはあるものの，音声認識率で出力の正確さを測ることができる。これに対して，対話システムに対するナイーブな評価基準として，「システムが正しく答えたら正解」，もしくは「システム応答が適切であれば正解」などが考えられるだろう。しかし対話における「適切な」応答は，その時点での言語表現による入力のみからは一意に定まらず，ユーザやその状況，対話システムの目的などに依存する。

つまり，対話システム一般の評価が難しい理由として以下が挙げられる。

1. 唯一の正解となる応答を定められない。

2. システムの応答を変えると，つぎのユーザの入力が変化する。

一点目は，生成系一般の問題である。音声合成や自然言語文生成においても，システムの出力が唯一の正解ということはほぼない。つまり，システムの出力結果以外でも，正解として許容できる候補が無数に存在する。これにより正解を一意に定めることができず，音声認識率のように正解不正解を客観的に決めるのは難しい。このため出力の評価は，主観評価に頼る部分が多くなる。

二点目として，システムの一連の出力を評価するには，単純に入力に対する出力の適切さを考えるだけでは不十分である。対話システムでは，対話戦略の学習で用いられる機械学習手法が，教師あり学習ではなく，強化学習になる理由もこれと同様である。同じ生成系の研究である音声合成や自然言語文生成の研究では，出力が聞き取りやすいかや，文としておかしくないかで主観評価が行われることがある。これに対して，それまでの履歴が重要となる対話システムの場合では，この枠組みを単純には適用できない。つまり一発話ごとの入力に対する出力を見ることで，適切か不適切かをつねに判定することはできない。

例えば，学習データの中に，「新大阪駅だとどうかな」という入力発話に対し，「駅から少し離れると隠れ家的なお店が多いですよね」という応答があったとしよう。これは一問一答型システムであれば，この応答も適切であると考えられるが，他にも適切な発話は無数に存在し，この応答以外はすべて不正解とするのは適当ではない。また履歴という観点から考えると，もしこの入力発話が新幹線のチケット予約時の発話で，到着駅の候補を示したものだとすると，まったく関係ない話を始めているため，この応答は不適切である。また，レストラン検索タスクであったとしても，例えば梅田周辺で接待に使える店を探していた状況で，場所の条件を新大阪駅に変えた際の発話だとすると，梅田周辺での検索条件を引き継いだ応答が適切であると考えられ，この応答は適切であるとはかぎらない。

このように，ある状況において質問応答対として成り立っており，それが学

習データに含まれていたとしても，対話の状況が異なる場合には，それがまったく不適切な応答となることが多い。このため，人対人の対話コーパス中に存在した応答を正解として，その応答発話との一致や類似度を使うことでシステムの出力を評価しても，適切であるとはかぎらない†。Twitter などのコーパス中にある実際の応答を正解として，システムによる出力との類似度を機械翻訳の評価に使われる BLEU などの指標を使って評価した場合，その結果と人間による主観評価との間にはほぼ相関がなかったという報告もある[12]。

さらに音声対話システムの場合には，システムの応答タイミングや音声合成の質も，ユーザの主観評価に多大な影響を与える。つまりこの場合，システムの応答内容は，システムの一部の評価にすぎない。システム全体の評価には，ユーザインタフェースとしての視点に基づく適切な実験計画[31] が必要となる。この点は音声対話システム研究が必然的に学際的となる一因である。

5.5.2 評価指標の分類

統一的な評価指標はないことから，着目したい側面に対応してさまざまな評価指標が存在する。音声対話システムの評価指標を分類すると，大きく分けて二つの軸で捉えることができる。全体像を**表 5.2** に示す。

表 5.2　さまざまな評価指標の位置づけ[29]

	客 観 指 標	主 観 指 標
ブラックボックス	・タスク達成率 ・ターン数 ・タスク遂行時間 ・訂正発話の数 など	全体に関する質問 「このシステムに満足しましたか？」 「システムと話していて楽しかったですか？」 「またこのシステムを使いたいと思いますか？」 など
グラスボックス	・音声認識率 ・言語理解率 ・確認要求回数 など	個別の要素に関する質問 「システムの声は聞き取りやすかったですか？」 「システムは質問を正しく理解しましたか？」 など

---

† 「ありがとうございました」に対して「こちらこそありがとうございました」を応答するといった定型的なやり取りであるほど，正解のバリエーションが減るため，こういった評価の妥当性は増す。したがって，定型的な応答を行えばよい対話であれば，このような評価もある程度有効である可能性はある。

　一つ目の軸は，システム全体として評価するか，個々のモジュールにより評価するかである。まず，システムの内部の構造を考慮せずに，外部から見た機能としてのみ評価する場合を，一般に**ブラックボックス**（black box）**型評価**と呼ぶ。対話システム全体の評価という場合には，このブラックボックス型評価を意味する場合が多い。

　これに対して，システムの内部の構造まで考慮して評価することを**グラスボックス**（glass box）**型評価**†と呼ぶ。具体的には，システム内部の各モジュールについて，入力に対して出力の正解を定め，その性能を評価する。例えば，音声認識部の出力に対して音声認識率を算出するのはこれに当たる。

　二つ目の軸は，指標が客観的か主観的かという分類である。まず，タスク達成率や音声認識率など，客観的に計測できる指標を用いる場合を，**客観評価**（objective evaluation）という。結果が客観的であるのは利点だが，あらゆるシステムの性能を適切に表す客観的指標は現状では存在しない。例えば，表5.2中に挙げられている**タスク達成率**は，タスク指向型の対話システムでは重要な指標であるが，非タスク指向型の場合はそもそも定義できない。**ターン数**も，タスク指向型システムの効率性を表すのには使えるが，非タスク指向型システムの場合，対話が長くなるほど盛り上がっているとも考えられるため，一概に少ないほうがよいとはいえない。

　一方，アンケートなどで被験者に主観的な印象を尋ねる場合を，**主観評価**（subjective evaluation）という。**印象評価**とも呼ぶ。アンケートの記入に際しては，**リッカート尺度**（Likert scale）がよく用いられる。これは，例えば5段階のそれぞれに説明を付与し，被験者が一番当てはまると感じるものを選ぶというものである。また印象評価には，**意味差判別法**（semantic differential scale method，**SD法**）が用いられることもある。これは，速い–遅いや明るい–暗いなど，いくつかの形容詞の対を用いて，システムの印象を評定する方法であり，システムの性能の高低というよりも，印象の違いの調査に用いられる。他にも，認知的負荷の計測指標として，NASA–TLX（task load index）[8]や，これを車

---

　† ほぼ同じ意味で，**ホワイトボックス**（white box）**型**と呼ばれることもある。

の運転に特化させた DALI (driver activity load index)[13] などがある†。ユーザビリティの評価指標には SASSI (subjective assessment of speech system interfaces)[9] などが知られている。

5.5.3 PARADISE

タスク指向型の音声対話システムにおいて，客観評価指標から主観評価を推定する試みとして **PARADISE**[22] を紹介する。この方法は，対話のゴール（最終対話状態）がフレームで表現できる対話システムを前提としている。

システム全体の性能は主観評価であるユーザ満足度により表されるとし，測定した客観評価指標の値からこの主観評価を推定する。ユーザ満足度は，システムを使用した後のアンケートにより取得できるとしている。客観評価指標には，タスク達成率（フレーム中の正しい属性値が得られた率）やそれに至るターン数を指標として用い，これらの重み付き和によりシステム全体の性能とする。

$$\text{Performance} = (\alpha * N(\kappa)) - \sum_i w_i * N(c_i) \tag{5.10}$$

ここで κ はタスク達成，c_i は対話のコストを表す指標である。$N(\cdot)$ は，各指標の値を平均が 0，分散が 1 となるように正規化する関数である。重み α と w_i は，被験者から得たユーザ満足度（式 (5.10) の左辺 Performance）を目的変数として，学習データにおける多変量解析によって求める。概略を**図 5.14** に図示する。主観評価を逐一ユーザに尋ねるのは手間がかかるため，比較的簡単に得られる客観評価指標から主観評価を推定する。この推定値を用いて複数のシステム間での性能比較が行えるとしている。

κ として，システムの最終対話状態と正解との間の一致率を計算して用いる。一致率は，フレーム内の属性–値のペアについて，偶然の一致を考慮して κ 値 (kappa coefficient)[4] により算出する。κ 値の使用により，タスクのサイズ，つまりシステムが得るべきフレーム内の属性–値のペアの数が異なるシステム間で

---

† 認知的負荷を計測する際には，他のタスク（例えばシミュレータ上での車の運転）を同時に行う**二重課題法**（dual task method）もしばしば用いられる。

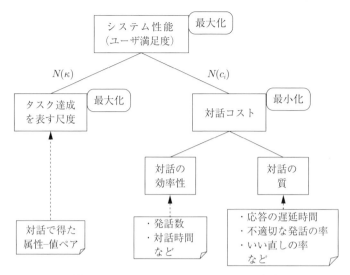

図 5.14　PARADISE フレームワークの概略

も，公平な比較が可能としている。

　c_i は対話のコストを表す指標である。具体的には，効率性を表す指標（発話数や対話時間など）や，対話の質を表す指標（ユーザ発話後のシステム応答の遅延時間，不適切なシステム発話の割合，ユーザがいい直した割合など）がここでは使用されている。

5.5.4　チューリングテスト

　古典的な，しかし現在でも有効な対話システムの評価法として，**チューリングテスト**（Turing test）[20] がある。これは，ブラックボックスかつ主観的な評価に当たる。

　チューリングテストは，アラン・チューリングにより 1950 年に思考実験として提唱された。相手が人間か計算機かわからない状態でテキストベースの対話（チャット）を行い，実際には計算機が応答しているにもかかわらず，応答しているのが人間だと思わせることができれば，その計算機は人間なみの知能をもつとみなしてよい，という評価法である。これはまさにブラックボックス

方式であり，「相手が人間であると感じられるかどうか」という主観評価をし，そうであればシステムが知能をもつといってよいとしている。

このチューリングテストを，継続的にコンテストとして行っているのが，**ローブナー賞**（Loebner prize）である。Loebner の提唱により 1991 年から毎年開催されており，最も人間らしく対話したとみなされたシステムに賞が与えられている。2014 年には，Eugene Goostman と名づけられたシステムが，チューリングテストに初めて合格したとの報道がなされ，話題となった。具体的には，5 分程度の質疑応答で，被験者のうち 30％が人間かコンピュータかを判断できなければ合格とみなすというもので，このときには 30 名の審査員のうち 10 名がこのシステムを人間であると判断したことにより合格とされた。しかし現実には，いかに賢いシステムをつくるかというよりは，いかに対話を人間らしく見せるかというコンテストになっている。例えば，人間がしやすいスペルミスをしてみたり，複雑な計算問題に早く答え過ぎないといった工夫が有効とされている。この Eugene Goostman の規定は，13 歳のウクライナ人の少年であり，チャットを行う英語は第二言語とされていたため，必ずしも流暢ではないやり取りを行うシステムであった。

チューリングテストに対する有名な反論として，サールによる中国語の部屋と呼ばれる思考実験がある[17]。この思考実験の内容はつぎのとおりである。中国語で質問が書かれた紙を，中国語を理解しない人間がいる部屋に差し入れるとする。中にいる人は中国語をまったく理解していないが，部屋の中には入力に対して出力すべき中国語の文字列が書かれた完璧なマニュアルがあり，そこにある文字列を紙に写して部屋の外に出すことができる。このとき，部屋の外から見ると，適切な中国語の回答が返ってきているように見えるが，実際には中の人間は中国語や質問の内容をまったく理解していない。このように，外から見た行動だけで，知能の有無を判断するのは間違いであるというのがサールの主張である。これは，知能の有無の判定におけるブラックボックス型評価を否定するものであり，理解とはなにか，ひいては知能とはなにかを考える上で，有名な哲学的議論である。

5.5.5 被験者実験での注意点

「人間が賢いと感じる」音声対話システムができたかどうかを評価するには，やはり被験者による主観評価が必要となる。ここでは，主観評価をする上での実用的な注意点について述べる。

まず，被験者の選定や教示である。音声対話システムは被験者の入力に対して動作することから，システムの性能は被験者の振舞いに大きく依存する。この点は，固定的なテストセットと正解が用意されており，それに対する正解率を計算して評価を行う実験とは大きく異なる。つまり，被験者が協力的であればシステムの性能は向上し，想定外の振舞いをすればシステムの性能は低下する。このため，被験者をどう統制したか，つまり被験者にどのような教示を行ったかはとても重要な要素であり，結果とともに明記されるべきである。

クレバーハンス効果（clever Hans effect）にも注意が必要である。この名前の由来と意味は以下のようなエピソードから来るものである。賢い馬ハンスは，足し算ができ，示された足し算の答の回数分だけ蹄を地面に打ち付けて答えることができるとされていた。しかし実際には足し算ができたわけではなく，蹄を鳴らす回数が足し算の答に至った際に，飼い主が無意識にほんのわずかに顔を上げるという動作を巧みに読み取って蹄を鳴らすのを止めていた。つまり，実験者の無意識の言動や状況が，被験者に与える影響をクレバーハンス効果といい，このような効果の可能性に注意が必要であるということである。例えば，ある学生が構築したシステムと比較システムとの間で印象評定を行う際，同じ研究室の学生を被験者にした場合には，被験者は過剰に協力的になり，不当に主観評価が高くなる恐れがある。また，謝金を払って被験者を集め，例えば「このシステムをもう一度使いたいと思いますか？」のようなアンケートを行った場合も，同様の効果が起こり得るだろう。

上記のような点に注意した上でも，システムのどの要素が，被験者の主観評価に影響を与えたのかを分析するのは難しいという問題もある。音声対話システムは複合的なシステムであることから，システム全体の評価にさまざまな要素が関与する。この結果，ユーザが同じ評価点を付与した場合でも，それが表

す内容は異なる場合も多い。例えば，「このシステムに満足しましたか？」とい
う質問に対して，ある被験者は音声合成の聞き取りやすさから高い評価を与え
ていたり，別の被験者は得られた検索結果に満足して高い評価を与えていたり
する。このように，全体に対する主観評価結果は，なにに対する評価であるの
かに注意する必要がある。個々の側面を評価したい場合には，それにフォーカ
スした質問の設定が必要である。

　音声対話システムの研究は，これまで音声認識や言語理解など入力部分に関
する研究が多く行われてきた。この理由は，まずシステムを動かすことが大き
なチャレンジであったことや，客観評価の容易性もあったと考えられる。この
一方で，システム全体の印象評価には，生成した文のわかりやすさや，音声合
成の品質，さらには応答のタイミングなども強い影響を与えることも多い†。同
様に，一連の発話の中でのシステムの応答内容やキャラクターの一貫性や，見
た目と言動のギャップを少なくするようなデザインも，ユーザの印象に大きな
影響を与える。システムがユーザの発話を正確に認識し理解するというだけで
なく，このような生成部分に関する研究も，今後音声対話システムが社会に受
け入れられるには重要な要素であり，研究が待たれている。

引用・参考文献

1) D.G. Bobrow, R.M. Kaplan, M. Kay, D.A. Norman, H. Thompson and T. Winograd : GUS, a frame–driven dialog system, Artificial Intelligence, **8**, 2, pp.155–173 (1977)

2) D. Bohus and A.I. Rudnicky : Sorry, I didn't catch that! ―an investigation of non–understanding errors and recovery strategies, Proc. 6th SIGdial Workshop on Discourse and Dialogue, pp.128–143 (2005)

3) D. Bohus and A.I. Rudnicky : The RavenClaw dialog management framework: Architecture and systems, Computer Speech and Language, **23**, 3, pp.332–361 (2009)

4) J. Carletta : Assessing agreement on classification tasks: The kappa statistic,

---

†　面接における評価を考えると，話す内容とともに，話し方も大きな影響をもつと想像で
　　きる。

Computational Linguistics, **22**, 2, pp.249–254 (1996)

5) J. Chu–Carroll and M.K. Brown：Tracking initiative in collaborative dia-
logue interactions, Proc. Annual Meeting of the Association for Computa-
tional Linguistics (ACL), pp.262–270 (1997)

6) G. Ferguson and J.F. Allen：Trips: An integrated intelligent problem–
solving assistant, Proceedings of the Fifteenth National/Tenth Conference
on Artificial Intelligence/Innovative Applications of Artificial Intelligence,
AAAI '98/IAAI '98, pp.567–572 (1998)

7) R. Higashinaka, M. Nakano and K. Aikawa：Corpus–based discourse under-
standing in spoken dialogue systems, Proc. Annual Meeting of the Associ-
ation for Computational Linguistics (ACL), pp.240–247 (2003)

8) S.G. Hill, H.P. Iavecchia, A.C. Bittner, Jr., J.C. Byers, A.L. Zaklad and
R.E. Christ：Comparison of four subjective workload rating scales, Human
Factors, **34**, 4, pp.429–439 (1992)

9) K.S. Hone and R. Graham：Towards a tool for the subjective assessment of
speech system interfaces (SASSI), Natural Language Engineering, **6**, 3–4,
pp.287–303 (2000)

10) K. Komatani, S. Ueno, T. Kawahara and H.G. Okuno：User modeling in
spoken dialogue systems to generate flexible guidance, User Modeling and
User–Adapted Interaction, **15**, 1, pp.169–183 (2005)

11) E. Levin, R. Pieraccini and W. Eckert：A stochastic model of human–
machine interaction for learning dialog strategies, IEEE Transactions on
Speech and Audio Processing, **8**, 1, pp.11–23 (2000)

12) C.–W. Liu, R. Lowe, I. Serban, M. Noseworthy, L. Charlin and J. Pineau：
How NOT to evaluate your dialogue system: An empirical study of unsuper-
vised evaluation metrics for dialogue response generation, Proc. Empirical
Methods in Natural Language Processing (EMNLP), pp.2122–2132 (2016)

13) A. Pauzié and G. Pachiaudi：Subjective evaluation of the mental workload in
the driving context, Traffic and Transport Psychology: Theory and Appli-
cation, T. Rothengatter and E. Carbonell Vaya Eds., pp.173–182, Pergamon
(1997)

14) A.I. Rudnicky, E.H. Thayer, P.C. Constantinides, C. Tchou, R. Shern, K.A.
Lenzo, W. Xu and A. Oh：Creating natural dialogs in the Carnegie Mellon
Communicator system, Proc. EUROSPEECH (1999)

15) S. Russell and P. Norvig：Artificial Intelligence: a Modern Approach (3rd ed.), Prentice Hall (2009)

16) J. Schatzmann, K. Weilhammer, M. Stuttle and S. Young：A survey of statistical user simulation techniques for reinforcement–learning of dialogue management strategies, The Knowledge Engineering Review, **21**, 2, pp.97–126 (2006)

17) J.R. Searle：Minds, brains, and programs, Behavioral and Brain Sciences, **3**, pp.417–424 (1980)

18) B. Thomson and S. Young：Bayesian update of dialogue state: A POMDP framework for spoken dialogue systems, Computer Speech and Language, **24**, 4, pp.562–588 (2010)

19) D. Traum, D. DeVault, J. Lee, Z. Wang and S. Marsella：Incremental dialogue understanding and feedback for multiparty, multimodal conversation, In Intelligent Virtual Agents, Lecture Notes in Computer Science, pp.275–288, Springer (2012)

20) A. Turing：Computing machinery and intelligence, Mind, **LIX**, 236, pp.433–460 (1950)

21) M.A. Walker：An application of reinforcement learning to dialogue strategy selection in a spoken dialogue system for email, Journal of Artificial Intelligence Research, **12**, pp.387–416 (2000)

22) M.A. Walker, D.J. Litman, C.A. Kamm and A. Abella：PARADISE: A framework for evaluating spoken dialogue agents, Proc. Annual Meeting of the Association for Computational Linguistics (ACL) (1997)

23) J. Weizenbaum：ELIZA—a computer program for the study of natural language communication between man and machine, Communications of the ACM, **9**, 1, pp.36–45 (1966)

24) J.D. Williams and S. Young：Partially observable Markov decision processes for spoken dialog systems, Computer Speech and Language, **21**, 2, pp.393–422 (2007)

25) J.D. Williams, A. Raux and M. Henderson：The dialog state tracking challenge series: A review, Dialogue & Discourse, **7**, 3, pp.4–33 (2016)

26) T. Winograd：Understanding natural language, Cognitive Psychology, **3**, 1, pp.1–191 (1972)

27) S. Young, M. Gašić, S. Keizer, F. Mairesse, J. Schatzmann, B. Thomson

and K. Yu：The hidden information state model: A practical framework for POMDP–based spoken dialogue management, Computer Speech and Language, **24**, 2, pp.150–174 (2010)

28) 荒木雅弘, 駒谷和範, 平田大志, 堂下修司：音声対話システム構築のための対話ライブラリ, 人工知能学会研究会資料, SIG–SLUD–9901–1, pp.1–6 (1999)

29) 中野幹生, 駒谷和範, 船越孝太郎, 中野有紀子：対話システム, 自然言語処理シリーズ 7, コロナ社 (2015)

30) 牧野貴樹, 澁谷長史, 白川真一, 浅田　稔, 麻生英樹, 荒井幸代, 飯間　等, 伊藤真, 大倉和博, 黒江康明, 杉本徳和, 坪井祐太, 銅谷賢治, 前田新一, 松井藤五郎, 南　泰浩, 宮崎和光, 目黒豊美, 森村哲郎, 森本　淳, 保田俊行, 吉本潤一郎：これからの強化学習, 森北出版 (2016)

31) 小松孝徳：HAI のための心理学実験と生体情報：ユーザを知るということ（＜特集＞深化する HAI：ヒューマンエージェントインタラクション）, 人工知能学会誌, **24**, 6, pp.833–839 (2009)

32) 中川聖一, 山本誠治：音声対話システムの構成法とユーザ発話の関係, 電子情報通信学会論文誌, **J79–D–II**, 12, pp.2139–2145 (1996)

33) 高村大也：言語処理のための機械学習入門, 自然言語処理シリーズ 1, コロナ社 (2010)

34) 河原達也：音声対話システムの進化と淘汰：歴史と最近の技術動向, 人工知能学会誌, **28**, 1, pp.45–51 (2013)

35) 河原達也, 荒木雅弘：音声対話システム, オーム社 (2006)

36) 森村哲郎：強化学習, 機械学習プロフェッショナルシリーズ 21, 講談社 (2019)

37) 駒谷和範：円滑な対話進行のための音声からの情報抽出, 電子情報通信学会誌, **101**, 9, pp.908–913 (2018)

38) 駒谷和範, 河原達也：音声認識結果の信頼度を用いた効率的な確認・誘導を行う対話管理, 情報処理学会論文誌, **43**, 10, pp.3078–3086 (2002)

——— 編著者・著者略歴 ———

岩野　公司（いわの　こうじ）
1995年　東京大学工学部電子情報工学科卒業
1997年　東京大学大学院工学系研究科修士課程修了（情報工学専攻）
2000年　東京大学大学院工学系研究科博士課程修了（情報工学専攻）
　　　　博士（工学）
2000年　東京工業大学助手
2007年　東京工業大学助教
2008年　武蔵工業大学准教授
2009年　東京都市大学准教授（校名変更）
2015年　東京都市大学教授
　　　　現在に至る

河原　達也（かわはら　たつや）
1987年　京都大学工学部情報工学科卒業
1989年　京都大学大学院工学研究科修士課程修了（情報工学専攻）
1990年　京都大学助手
1995年　博士（工学）（京都大学）
1995年　京都大学助教授
2003年　京都大学教授
　　　　現在に至る

篠田　浩一（しのだ　こういち）
1987年　東京大学理学部物理学科卒業
1989年　東京大学大学院理学系研究科修士課程修了（物理学専攻）
1989年　日本電気株式会社勤務
2001年　博士（工学）（東京工業大学）
2001年　東京大学助教授
2003年　東京工業大学助教授
2007年　東京工業大学准教授
2013年　東京工業大学教授
　　　　現在に至る

伊藤　彰則（いとう　あきのり）
1986年　東北大学工学部通信工学科卒業
1988年　東北大学大学院工学研究科博士前期課程修了（情報工学専攻）
1991年　東北大学大学院工学研究科博士後期課程修了（情報工学専攻）
　　　　工学博士
1991年　東北大学助手
1995年　山形大学講師
1999年　山形大学助教授
2002年　東北大学助教授
2007年　東北大学准教授
2010年　東北大学教授
　　　　現在に至る

増村　亮（ますむら　りょう）
2009年　東北大学工学部電気情報物理工学科卒業
2011年　東北大学大学院工学研究科博士前期課程修了（電気通信工学専攻）
2011年　NTTサイバースペース研究所研究員
2012年　NTTメディアインテリジェンス研究所研究員
2016年　東北大学大学院工学研究科博士後期課程修了（電気通信工学専攻）
　　　　博士（工学）
2019年　NTTメディアインテリジェンス研究所特別研究員
2021年　NTTコンピュータ&データサイエンス研究所特別研究員
　　　　現在に至る

小川　哲司（おがわ　てつじ）
2000年　早稲田大学理工学部電気電子情報工学科卒業
2002年　早稲田大学大学院理工学研究科修士課程修了（電気工学専攻）
2004年　早稲田大学助手
2005年　早稲田大学大学院理工学研究科博士課程修了（電気工学専攻）
　　　　博士（工学）
2007年　早稲田大学高等研究所助教
2012年　早稲田大学准教授
2019年　早稲田大学教授
　　　　現在に至る

駒谷　和範（こまたに　かずのり）
1998年　京都大学工学部情報工学科卒業
2000年　京都大学大学院情報学研究科修士課程修了（知能情報学専攻）
2002年　京都大学大学院情報学研究科博士後期課程修了（知能情報学専攻）
　　　　博士（情報学）
2002年　京都大学助手
2007年　京都大学助教
2010年　名古屋大学准教授
2014年　大阪大学教授
　　　　現在に至る

音 声（下）
Speech Vol.2

ⓒ 一般社団法人 日本音響学会 2023

2023 年 1 月 10 日　初版第 1 刷発行

検印省略

編　者	一般社団法人 日本音響学会
発 行 者	株式会社　コ ロ ナ 社
	代 表 者　牛 来 真 也
印 刷 所	三 美 印 刷 株 式 会 社
製 本 所	有限会社　愛 千 製 本 所

112-0011　東京都文京区千石 4-46-10
発行所　株式会社　コ ロ ナ 社
CORONA PUBLISHING CO., LTD.
Tokyo Japan
振替 00140-8-14844・電話(03)3941-3131(代)
ホームページ　https://www.coronasha.co.jp

ISBN 978-4-339-01367-2　C3355　Printed in Japan　　　（金）